中华人民共和国

国家计量技术规范目录

（2020 版）

中国标准出版社　编

中国质量标准出版传媒有限公司
中　国　标　准　出　版　社

北　京

图书在版编目（CIP）数据

中华人民共和国国家计量技术规范目录：2020版/中国标准出版社编. —北京：中国质量标准出版传媒有限公司，2020.7

ISBN 978-7-5026-4756-8

Ⅰ.①中… Ⅱ.①中… Ⅲ.①计量检定规程—中国—目录 Ⅳ.①TB9-65

中国版本图书馆CIP数据核字(2020)第018524号

中国质量标准出版传媒有限公司
中　国　标　准　出　版　社 出版发行
北京市朝阳区和平里西街甲2号（100029）
北京市西城区三里河北街16号（100045）
网址：www.spc.net.cn
总编室：(010) 68533533　发行中心：(010) 51780238
读者服务部：(010) 68523946
中国标准出版社秦皇岛印刷厂印刷
各地新华书店经销

*

开本880×1230　1/32　印张12.625　字数336千字
2020年7月第一版　2020年7月第一次印刷

*

定价 **59.00** 元

出版说明

本书汇集了截至2019年12月31日，由国家计量行政部门（包括国家市场监督管理总局、原国家质量监督检验检疫总局、原国家质量技术监督局、原国家技术监督局、原国家计量局、原国家计量总局和原国家标准计量局）发布的、现行有效的国家计量技术规范名目。其中包括国家计量检定系统表名目95个，国家计量检定规程名目933个，其他国家计量技术规范名目804个。

由于国家计量技术规范的数量较多、涉及范围较广，为便于查找，对其名目，本书在按编号顺序排列的基础上，又按专业分类排列；国家计量检定系统表的名目仅按编号顺序排列。

随着科学技术的迅猛发展，各种新发布的国家计量技术规范和已废止的国家计量技术规范的数量会越来越多。某种新发布的规范，代替2至4种相关内容的旧规范的现象经常出现。读者在使用国家计量技术规范时，一定要注意采用现行有效的版本。让读者准确了解国家计量技术规范的有关信息正是出版本书的初衷。

为了方便读者，本书的附录还列出了全国专业计量技术委员会的相关信息、国家计量技术规范的修改信息等。

国家计量技术规范由中国标准出版社负责出版发行。

中国标准出版社

2020年5月

出版说明

目　　录

一、国家计量技术规范目录
(按编号顺序排列)

1. 国家计量检定系统表

检定系统表号	检定系统表名称	被代替检定系统表号
JJG 2001—1987	线纹计量器具检定系统表[①] Verification Scheme of Line Measuring Instruments	线纹量值传递系统
JJG 2002—1987	圆锥量规锥度计量器具检定系统表 V.S.[②] of Measuring Instruments for Taper Gauges	
JJG 2003—1987	热电偶检定系统表 V.S. of Thermocouples	
JJG 2004—1987	辐射测温仪检定系统表 V.S. of Radiation Thermometers	
JJG 2005—1987	布氏硬度计量器具检定系统表 V.S. of Measuring Instruments for Brinell Hardness	
JJG 2006—1996	肖氏硬度(D标尺)计量器具检定系统表 V.S. for Measuring Instruments of Hardness Testing on Shore Scale D	JJG 2006—1987

①自2003年之后,原"计量检定系统"统称为"计量检定系统表"。

② V.S.为Verification Scheme的缩写,下同。

检定系统表号	检定系统表名称	被代替检定系统表号
JJG 2007—2015	时间频率计量器具检定系统表 V.S. of Time and Frequency Measuring Instruments	JJG 2007—2007
JJG 2008—1987	射频电压计量器具检定系统表 V.S. of RF Voltage Measuring Instruments	电压量值传递系统
JJG 2009—2016	射频与微波功率计量器具检定系统表 V.S. of RF & Microwave Power Measuring Instruments	JJF 2009—1987
JJG 2010—2010	射频与微波衰减计量器具检定系统表 V.S. of Measuring Instruments RF and Microwave Attenuation	JJG 2010—1987
JJG 2011—1987	射频阻抗计量器具检定系统表 V.S. of RF Impedance Measuring Instruments	高频阻抗量值传递系统
JJG 2012—1987	三厘米阻抗计量器具检定系统表 V.S. of 3cm Impedance Measuring Instruments	微波阻抗量值传递系统表
JJG 2013—1987	射频与微波相移计量器具检定系统表 V.S. of RF and Microwave Phase Shift Measuring Instruments	相移量值传递系统

检定系统表号	检定系统表名称	被代替检定系统表号
JJG 2014—1987	射频与微波噪声计量器具检定系统表 V.S. of Radio Frequency and Microwave Noise Measuring Instruments	波导高温噪声量值传递系统 同轴高波噪声量值传递系统 低温噪声量值传递系统
JJG 2015—2013	脉冲波形参数计量器具检定系统表 V.S. of Measuring Instruments for Pulse Waveform Parameters	JJG 2015—1987
JJG 2016—2015	黏度计量器具检定系统表 V.S. of Viscosity Measuring Instruments	JJG 2016—1987
JJG 2017—2005	水声声压计量器具检定系统表 V.S. of Measuring Instruments for Underwater Sound Pressure	JJG 2017—1987
JJG 2018—1989	表面粗糙度计量器具检定系统表 V.S. of Measuring Instruments for Surface Roughness	
JJG 2019—1989	平面度计量器具检定系统表 V.S. of Measuring Instruments for Flantness	
JJG 2020—1989	273.15～903.89K 温度计量器具检定系统表 V.S. of 273.15～903.89K Temperature Measuring Instruments	

检定系统表号	检定系统表名称	被代替检定系统表号
JJG 2021—1989	磁通计量器具检定系统表 V.S. of Magnetic Flux Measuring Instruments	
JJG 2022—2009	真空计量器具检定系统表 V.S. of Vacuum Measuring Instruments	JJG 2022—1989
JJG 2023—1989	压力计量器具检定系统表 V.S. of Measuring Instruments for Manometers	
JJG 2024—1989	容量计量器具检定系统表 V.S. of Measuring Instruments for Capacity	
JJG 2025—1989	显微硬度计量器具检定系统表 V.S. of Measuring Instruments for Microhardness	
JJG 2026—1989	维氏硬度计量器具检定系统表 V.S. of Measuring Instruments for Vickers Hardness	
JJG 2027—1989	0.001～2.0 特斯拉磁感应强度计量器具检定系统表 V.S. of Measuring Instruments for 0.001～2.0 Tesla Magnization Intensity	
JJG 2028—1989	漫透射视觉密度(黑白密度)计量器具检定系统表 V.S. of Measuring Instruments for Diffuse Transmission Visual Density	

检定系统表号	检定系统表名称	被代替检定系统表号
JJG 2029—2006	色度计量器具检定系统表 V.S. of Measuring Instruments for Colorimetry	JJG 2029—1989
JJG 2030—1989	色温度(分布温度)计量器具检定系统表 V.S. of Measuring Instruments for Colour Temperature (Distribution Temperature)	
JJG 2031—1989	曝光量计量器具检定系统表 V.S. of Measuring Instruments for Light Exposure	
JJG 2032—2005	光照度计量器具检定系统表 V.S. of Measuring Instruments for Illuminance	JJG 2032—1989
JJG 2033—1989	光亮度计量器具检定系统表 V.S. of Measuring Instruments for Luminance	
JJG 2034—2005	发光强度计量器具检定系统表 V.S. of Measuring Instruments for Luminous Intensity	JJG 2034—1989
JJG 2035—1989	总光通量计量器具检定系统表 V.S. of Measuring Instruments for Total Luminous Flux	
JJG 2036—1989	弱光光度计量器具检定系统表 V.S. of Measuring Instruments for Low Light Level Photometric	

检定系统表号	检定系统表名称	被代替检定系统表号
JJG 2037—2015	空气声声压计量器具检定系统表 V.S. of Measuring Instruments for Air-borne Sound Pressure	JJG 2037—2004
JJG 2038—2004	听力计量器具检定系统表 V.S. of Measuring Instruments for Audiometry	JJG 2038—1989
JJG 2039—1989	高准确度测量活度及光子发射率计量器具检定系统表 V.S. of Measuring Instruments for High Accuracy Measurements of Activity and Photon Emission Rate	
JJG 2040—1989	医用核素活度计量器具检定系统表 V.S. of Measuring Instruments for Activity of Medical Radionuclide	
JJG 2041—1989	测量α,β表面污染的计量器具检定系统表 V.S. of Measuring Instruments for Measurments of α, β Surface Contamination	
JJG 2042—1989	液体闪烁放射性活度计量器具检定系统表 V.S. of Liquid Scintillation Measuring Instruments for Radioactivity Measurment	

检定系统表号	检定系统表名称	被代替检定系统表号
JJG 2043—2010	(60～250)kV X射线空气比释动能计量器具检定系统表 V.S. of Measuring Instruments for Air-Kerma of (60～250) kV X-Ray	JJG 2043—1989
JJG 2044—2019	γ射线空气比释动能计量器具检定系统表 V.S. of Metrological Instruments for Air Kerma of γ Rays	JJG 2044—2010
JJG 2045—2010	力值(≤1MN)计量器具检定系统表 V.S. of Mcasuring Instruments for Force(≤1MN)	JJG 2045—1990
JJG 2046—1990	湿度计量器具检定系统表 V.S. of Measuring Instruments for Humidity	
JJG 2047—2006	扭矩计量器具检定系统表 V.S. of Measuring Instruments for Torque	JJG 2047—1990
JJG 2048—2011	500～1000K 全辐照计量器具检定系统表 V.S. of Measuring Instruments for 500～1000K Irradiance Scale	JJG 2048—1990
JJG 2049—1990	橡胶国际硬度计量器具检定系统表 V.S. of Measuring Instruments for International Rubber Hardness Degree	

检定系统表号	检定系统表名称	被代替检定系统表号
JJG 2050—1990	超声功率计量器具检定系统表 V. S. of Measuring Instruments for Ultrasonic Power	
JJG 2051—1990	直流电阻计量器具检定系统表 V. S. of Measuring Instruments for the D. C. Resistance	
JJG 2052—1990	磁感应强度(恒定弱磁场)计量器具检定系统表 V. S. of Measuring Instruments for Magnetic Induction(Stationary Low Field)	
JJG 2053—2016	质量计量器具检定系统表 V. S. for Measuring Instruments of Mass	JJG 2053—2006
JJG 2054—2015	振动计量器具检定系统表 V. S. of Measuring Instruments of Vibration	JJG 2054—1990
JJG 2055—1990	齿轮螺旋线计量器具检定系统表 V. S. of Helix Measuring Instruments for Gear	
JJG 2056—1990	长度计量器具(量块部分)检定系统表 V. S. of Measuring Instruments for Length (Gauge Block)	
JJG 2057—2006	平面角计量器具检定系统表 V. S. of Measuring Instruments for Plane Angle	JJG 2057—1990

检定系统表号	检定系统表名称	被代替检定系统表号
JJG 2058—1990	燃烧热计量器具检定系统表 V.S. of Measuring Instruments for Heat of Combustion	
JJG 2059—2014	电导率计量器具检定系统表 V.S. of Measuring Instruments for Electrolytic Conductivity	JJG 2059—1990
JJG 2060—2014	pH(酸度)计量器具检定系统表 V.S. of pH (acidity) Measuring Instruments	JJG 2060—1990
JJG 2061—2015	基准试剂纯度计量器具检定系统表 V.S. of Measuring Instruments for Primary Chemical Purity	JJG 2061—1990
JJG 2062—1990	13.81～273.15K 温度计量器具检定系统表 V.S. of Temperature Measuring Instruments in the Range from 13.81 to 273.15K	
JJG 2063—2007	液体流量计量器具检定系统表 V.S. of Measuring Instruments for Liquid Flow	JJG 2063—1990
JJG 2064—2017	气体流量计量器具检定系统表 V.S. of Measuring Instruments for Gas Flow	JJG 2064—1990
JJG 2065—1990	石油螺纹计量器具检定系统表 V.S. of Measuring Instruments for Petroleum Thread	

检定系统表号	检定系统表名称	被代替检定系统表号
JJG 2066—2006	大力值计量器具检定系统表 V.S. of Measuring Instruments for Large Force	JJG 2066—1990
JJG 2067—2016	金属洛氏硬度计量器具检定系统表 V.S. of Measuring Instruments for Metallic Rockwell Hardness	JJG 2067—1990 JJG 2068—1990
JJG 2069—2005	镜向光泽度计量器具检定系统表 V.S. of Measuring Instruments for Specular Gloss	JJG 2069—1990
JJG 2070—2009	(150～2500)MPa 压力计量器具检定系统表 V.S. of Measuring Instruments for (150～2500)MPa Pressure	JJG 2070—1990
JJG 2071—2013	(－2.5～2.5)kPa 压力计量器具检定系统表 V.S. of Measuring Instruments for Pressure Range(－2.5～2.5)kPa	JJG 2071—1990
JJG 2072—2016	冲击加速度计量器具检定系统表 V.S. of Measuring Instruments for Shock Acceleration	JJG 2072—1990
JJG 2073—1990	损耗因数计量器具检定系统表 V.S. of Measuring Instruments for Dissipation Factor	
JJG 2074—1990	交流电能计量器具检定系统表 V.S. of Measuring Instruments for Alternating Current Electrical Energy	

检定系统表号	检定系统表名称	被代替检定系统表号
JJG 2075—1990	电容计量器具检定系统表 V.S. of Capacitance Measuring Instruments	
JJG 2076—1990	电感计量器具检定系统表 V.S. of Inductance Measuring Instruments	
JJG 2077—1990	摆锤式冲击能计量器具检定系统表 V.S. of Measuring Instruments for Pendulum Impact Energy	
JJG 2078—1990	激光功率计量器具检定系统表 V.S. of Measuring Instruments for Laser Power	
JJG 2079—1990	中子源强度计量器具检定系统表 V.S. of Measuring Instruments for Neutron Source Strength	
JJG 2080—1990	14MeV 中子吸收剂量计量器具检定系统表 V.S. of Measuring Instruments for 14MeV Neutron Absorbed Dose	
JJG 2081—1990	热中子注量率计量器具检定系统表 V.S. of Measuring Instruments for Thermal Neutron Fluence Rate	
JJG 2082—1990	工频电流比例计量器具检定系统表 V.S. of Measuring Instruments for Power Frequency Current Ratio	

检定系统表号	检定系统表名称	被代替检定系统表号
JJG 2083—2005	光谱辐射亮度、光谱辐射照度计量器具检定系统表 V.S. of Measuring Instruments for Spectral Radiance and Spectral Irradiance	JJG 2083—1990
JJG 2084—1990	交流电流计量器具检定系统表 V.S. of Measuring Instruments for AC Current	
JJG 2085—1990	交流电功率计量器具检定系统表 V.S. of Measuring Instruments for AC Power	
JJG 2086—1990	交流电压计量器具检定系统表 V.S. of Measuring Instruments for AC Voltage	
JJG 2087—1990	直流电动势计量器具检定系统表 V.S. of Measuring Instruments for DC EMF'S	
JJG 2088—1990	脉冲激光能量计量器具检定系统表 V.S. of Measuring Instruments of Energy for Pulsed Laser Radiation	
JJG 2089—1990	^{60}Co γ 射线辐射加工级水吸收剂量计量器具检定系统表 V.S. of ^{60}Co γ - ray Water Absorbed Dose Measuring Instruments for Radiation Processing Level	

检定系统表号	检定系统表名称	被代替检定系统表号
JJG 2090—1994	顶焦度计量器具检定系统表 V.S. of Measuring Instruments for Vertex Power	
JJG 2091—1995	塑料球压痕硬度计量器具检定系统表 V.S. of Measuring Instruments for Plastic Ball Indentation Hardness	
JJG 2092—1995	塑料洛氏硬度计量器具检定系统表 V.S. of Measuring Instruments Plastic Rockwell Hardness	
JJG 2093—1995	常温黑体辐射计量器具检定系统表 V.S. of Measuring Instrument for Common Temperature Blackbodies	
JJG 2094—2010	密度计量器具检定系统表 V.S. of Measuring Instruments for Density	
JJG 2095—2012	(10～60)kV X 射线空气比释动能计量器具检定系统表 V.S. of Measuring Instruments for Air-Kerma of (10～60)kV X-Ray	
JJG 2096—2017	基于同位素稀释质谱法的元素含量计量检定系统表 V.S. for Concentration of Element Based on Isotope Dilution Mass Spectrometry	

2. 国家计量检定规程

现行规程号	规程名称	被代替规程号
JJG 1—1999	钢直尺检定规程 Verification Regulation of Steel Rule	JJG 1—1989 JJG 397—1985
JJG 2—1999	木直(折)尺检定规程 V.R.[1] of Wooden Rule (Wooden Folded Rule)	JJG 2—1986 JJG 3—1984 JJG 43—1986
JJG 4—2015	钢卷尺检定规程 V.R. of Steel Measuring Tapes	JJG 4—1999
JJG 5—2001	纤维卷尺、测绳检定规程 V.R. of Fiber Tapes and Measuring Ropes	JJG 5—1992 JJG 6—1983
JJG 7—2004	直角尺检定规程 V.R. of Squares	JJG 7—1986 JJG 61—1980
JJG 8—1991	水准标尺检定规程 V.R. of Level Rod	JJG 8—1982
JJG 10—2005	专用玻璃量器检定规程 V.R. of Special Glassware	JJG 10—1987 JJG 11—1987 JJG 12—1987 JJG 284—1982 JJG 514—1987
JJG 13—2016	模拟指示秤检定规程 V.R. of Analogue Indicating Weighing Instruments	JJG 13—1997

① V.R. 为 Verification Regulation 的缩写，下同。

现行规程号	规程名称	被代替规程号
JJG 14—2016	非自行指示秤检定规程 V.R. of Non-self-indicating Weighing Instruments	JJG 14—1997
JJG 16—1987	邮用秤试行检定规程 V.R. of Postal Scale	
JJG 17—2016	杆秤检定规程 V.R. of Steelyard Scales	JJG 17—2002
JJG 18—2008	医用注射器检定规程 V.R. of Syringes for Medical Use	JJG 18—1990
JJG 19—1985*	量提检定规程 V.R. of Volumetric Cylinder With Handle	19—1958
JJG 20—2001	标准玻璃量器检定规程 V.R. of Standard Capacity Measures (glass)	JJG 20—1989
JJG 21—2008	千分尺检定规程 V.R. of Micrometer	JJG 21—1995
JJG 22—2014	内径千分尺检定规程 V.R. of Internal Micrometers	JJG 22—2003
JJG 24—2016	深度千分尺检定规程 V.R. of Depth Micrometers	JJG 24—2003

注：带"*"的规程有修改的内容，详见附录2，下同。

现行规程号	规 程 名 称	被代替规程号
JJG 25—2004	螺纹千分尺检定规程 V.R. of Screw Thread Micrometer	JJG 25—1987
JJG 26—2011	杠杆千分尺、杠杆卡规检定规程 V.R. of Micrometers with Dial Comparater and Indicating Snap Gauge	JJG 26—2001
JJG 28—2019	平晶检定规程 V.R. of Optical Flats	JJG 28—2000
JJG 30—2012	通用卡尺检定规程 V.R. of Current Calipers	JJG 30—2002
JJG 31—2011	高度卡尺检定规程 V.R. of Height Caliper	JJG 31—1999
JJG 33—2002	万能角度尺检定规程 V.R. of Universal Bevel Protractors	JJG 33—1979
JJG 34—2008	指示表(指针式、数显式)检定规程 V.R. of Dial Gauges(dial and digital)	JJG 34—1996
JJG 35—2006	杠杆表检定规程 V.R. of Dial Test Indicator	JJG 35—1992
JJG 37—2005	正弦规检定规程 V.R. of Sine Bars	JJG 37—1992

现行规程号	规 程 名 称	被代替规程号
JJG 39—2004	机械式比较仪检定规程 V.R. of Comparator of Machinery Type	JJG 39—1990
JJG 40—2011	X射线探伤机检定规程 V.R. of X-Ray Flaw Detectors	JJG 40—2001
JJG 42—2011	工作玻璃浮计检定规程 V.R. of Working Glass Hydrometers	JJG 42—2001
JJG 45—1999	光学计检定规程 V.R. of Optimeter	JJG 45—1986 JJG 53—1986
JJG 46—2018	扭力天平检定规程 V.R. of Torsion Balance	JJG 46—2004
JJG 49—2013	弹性元件式精密压力表和真空表检定规程 V.R. of Elastic Element Precise Pressure Gauges and Vacuum Gauges	JJG 49—1999
JJG 51—2003	带平衡液柱活塞式压力真空计检定规程 V.R. of Piston Pressure - Vaccum Gauge with Equilibrium Liquid Column	JJG 51—1983
JJG 52—2013	弹性元件式一般压力表、压力真空表和真空表检定规程 V.R. of Elastic Element Pressure Gauges, Pressure-Vacuum Gauges and Vacuum Gauges for General Use	JJG 52—1999 JJG 573—2003

现行规程号	规 程 名 称	被代替规程号
JJG 56—2000	工具显微镜检定规程 V.R. of Universal Measuring Microscopes and Makers Microscopes	JJG 56—1984
JJG 57—1999	光学数显分度头检定规程 V.R. of Optical Digital Dividing Head	JJG 57—1984 JJG 606—1989
JJG 58—2010	半径样板检定规程 V.R. of Radius Gauge	JJG 58—1996
JJG 59—2007	活塞式压力计检定规程 V.R. of Piston Gauge	JJG 59—1990 JJG 129—1990 JJG 727—1991
JJG 60—2012	螺纹样板检定规程 V.R. of Screw Templates	JJG 60—1996
JJG 62—2017	塞尺检定规程 V.R. of Feeler Gauges	JJG 62—2007
JJG 63—2007	刀口形直尺检定规程 V.R. of Straight Edge	JJG 63—1994
JJG 68—1991	工作用隐丝式光学高温计检定规程 V.R. of Working Disappearing-Filament of Optical Pyrometer	JJG 68—1976
JJG 70—2004	角度块检定规程 V.R. of Angle Gauge Blocks	JJG 70—1993

现行规程号	规 程 名 称	被代替规程号
JJG 71—2005	三等标准金属线纹尺检定规程 V.R. of Standard Metallic Scale (Grade Ⅲ)	JJG 71—1991
JJG 72—1980	线纹比较仪检定规程 V.R. of Linear Comparator	72—1959
JJG 73—2005	高等别线纹尺检定规程 V.R. of High-precision Line Scale	JJG 73—1994 JJG 170—1994
JJG 74—2005	工业过程测量记录仪检定规程 V.R. of the Recorders for Industrial-Process Measurement	JJG 74—1992 JJG 706—1990
JJG 75—1995	标准铂铑 10 - 铂热电偶检定规程 V.R. of the Standard Platinum-10% Rhodium/Platinum Thermocouple	JJG 75—1982
JJG 77—2006	干涉显微镜检定规程 V.R. of Interference Microscope	JJG 77—1983
JJG 80—1981	正切齿厚规检定规程 V.R. of Tangential Gear Thickness Gauge	80—1960
JJG 81—1981	公法线检查仪检定规程 V.R. of Common Normal Tester	81—1960
JJG 82—2010	公法线千分尺检定规程 V.R. of Common Normal Micrometer	JJG 82—1998

现行规程号	规 程 名 称	被代替规程号
JJG 86—2011	标准玻璃浮计检定规程 V.R. of Standard Glass Hydrometers	JJG 86—2001
JJG 90—1983	齿轮齿向及径向跳动仪检定规程 V.R. of Gear Tooth Direction and Concentricity Tester	90—1961
JJG 92—1991	万能测齿仪检定规程 V.R. of Universal Gear Tester	JJG 92—1975
JJG 95—1986	齿轮单面啮合检查仪检定规程 V.R. of Single - Flank Gear Rolling Tester	95—1961
JJG 97—2001	测角仪检定规程 V.R. of Goniometers	JJG 97—1981
JJG 98—2019	机械天平检定规程 V.R. of Mechanical Balance	JJG 98—2006
JJG 99—2006	砝码检定规程 V.R. of Weights	JJG 99—1990 JJG 273—1991
JJG 100—2003	全站型电子速测仪检定规程 V.R. of Electronic Tachometer Total Station	JJG 100—1994
JJG 101—2004	接触式干涉仪检定规程 V.R. of Contact-Type Interferometer	JJG 101—1981
JJG 103—2005	电子水平仪和合像水平仪检定规程 V.R. of Electronic Levels and Coincidence Levels	JJG 103—1988 JJG 712—1990

现行规程号	规 程 名 称	被代替规程号
JJG 105—2019	转速表检定规程 V.R. of Tachometers	JJG 105—2000
JJG 106—1981	指针式精密时钟检定规程 V.R. of Chronometer with Pointer Indication	规(G)时—1—1963
JJG 107—2002	单机型和集中管理分散计费型电话计时计费器检定规程 V.R. of Single and Dispersion Control Centrely Telephone Accounters	JJG 107—1995
JJG 109—2004	百分表式卡规检定规程 V.R.2of Snap Gauge Reading in 0.01mm	JJG 109—1986
JJG 110—2008	标准钨带灯检定规程 V.R. of Standard Tungsten Ribbon Lamps	JJG 110—1979
JJG 111—2019	玻璃体温计检定规程 V.R. of Clinical Thermometers	JJG 111—2003
JJG 112—2013	金属洛氏硬度计(A,B,C,D,E,F,G,H,K,N,T 标尺)检定规程 V.R. of Metallic Rockwell Hardness Testing Machines (Scales A,B,C,D,E,F,G,H,K,N,T)	JJG 112—2003
JJG 113—2013	标准金属洛氏硬度块(A,B,C,D,E,F,G,H,K,N,T 标尺)检定规程 V.R. of Metallic Rockwell Hardness Reference Blocks (Scales A,B,C,D,E,F,G,H,K,N,T)	JJG 113—2003

现行规程号	规 程 名 称	被代替规程号
JJG 114—1999	贝克曼温度计检定规程 V.R. of Beckmann Thermometer	JJG 114—1990 JJG 789—1992
JJG 115—1999	标准铜-铜镍热电偶检定规程 V.R. of the Standard Copper/Copper-Nickel Thermocouple	JJG 115—1990
JJG 117—2013	平板检定规程 V.R. of Surface Plates	JJG 117—2005
JJG 118—2010	扭簧比较仪检定规程 V.R. of Micro cator	JJG 118—1996
JJG 119—2018	实验室 pH(酸度)计检定规程 V.R. of Laboratory pH Meters	JJG 119—2005
JJG 120—1990	波形监视器检定规程 V.R. of Wave Form Monitor	
JJG 121—1990	视频杂波测试仪检定规程 V.R. of Video Noise Meter	
JJG 122—1986	DO6 型精密有效值电压表检定规程 V.R. of the Precise True RMS Voltmeter Type DO6	
JJG 123—2004	直流电位差计检定规程 V.R. of D.C.Potentiometers	JJG 123—1988
JJG 124—2005	电流表、电压表、功率表及电阻表检定规程 V.R. of Amperemeters, Voltmeters, Wattmeters and Ohmmeters	JJG 124—1993

现行规程号	规 程 名 称	被代替规程号
JJG 125—2004	直流电桥检定规程 V.R. of D.C. Bridges	JJG 125—1986
JJG 126—1995	交流电量变换为直流电量电工测量变送器检定规程 V.R. of Measuring Transducers for Converting a.c. Electrical Quantities into d.c. Electrical Quantities	
JJG 130—2011	工作用玻璃液体温度计检定规程 V.R. of Liquid-in-Glass Thermometer for Working	JJG 130—2004 JJG 50—1996 JJG 618—1999 JJG 978—2003
JJG 131—2004	电接点玻璃水银温度计检定规程 V.R. of Electric Contact Mercury - in - Glass Thermometers	JJG 131—1991
JJG 133—2016	汽车油罐车容量检定规程 V.R. of Road Tankers Capacity	JJG 133—2005
JJG 134—2003	磁电式速度传感器检定规程 V.R. of Electromagnetic Velocity Transducer	JJG 134—1987
JJG 137—1986	CC - 6 型小电容测量仪检定规程 V.R. of Small Capacitance Measuring Instrument Type CC - 6	
JJG 138—1986	CCJ - 1C 型精密电容测量仪检定规程 V.R. of Precision Capacitance Measuring Instrument Type CCJ - 1 C	

现行规程号	规 程 名 称	被代替规程号
JJG 139—2014	拉力、压力和万能试验机检定规程 V. R. of Tension，Compression and Universal Testing Machines	JJG 139—1999 JJG 157—2008
JJG 140—2018	铁路罐车容积检定规程 V.R. of Volume of Rail Tankers	JJG 140—2008
JJG 141—2013	工作用贵金属热电偶检定规程 V.R. of Working Noble Metal Thermocouples	JJG 141—2000
JJG 142—2002	非自行指示轨道衡检定规程 V.R. of Nonself - indicating Rail - weighbridges	JJG 142—1987
JJG 143—1984	标准镍铬-镍硅热电偶检定规程 V.R. of Standard Ni - Cr/Ni - Si Thermocouple	JJG 143—1973
JJG 144—2007	标准测力仪检定规程 V.R. of Standard Dynamometers	JJG 144—1992
JJG 145—2007	摆锤式冲击试验机检定规程 V.R. of Pendulum Impact Testing Machines	JJG 145—1982
JJG 146—2011	量块检定规程 V.R. of Gauge Blocks	JJG 146—2003
JJG 147—2017	标准金属布氏硬度块检定规程 V.R. of Metallic Brinell Hardness Reference Blocks	JJG 147—2005

现行规程号	规 程 名 称	被代替规程号
JJG 148—2006	标准维氏硬度块检定规程 V. R. of Vickers Hardness Reference Block	JJG 148—1991 JJG 335—1991 JJG 334—1993 部分内容
JJG 150—2005	金属布氏硬度计检定规程 V. R. of Metallic Brinell Hardness Testers	JJG 150—1990
JJG 151—2006	金属维氏硬度计检定规程 V. R. of Metallic Vickers Hardness Testers	JJG 151—1991 JJG 260—1991 JJG 334—1993 部分内容
JJG 153—1996	标准电池检定规程 V. R. of Standard Cell	JJG 153—1986
JJG 154—2012	标准毛细管黏度计检定规程 V. R. of Standard Capillary Viscometers	JJG 154—1979
JJG 155—2016	工作毛细管黏度计检定规程 V. R. of Routine Capillary Viscometers	JJG 155—1991
JJG 156—2016	架盘天平检定规程 V. R. of Table Balances	JJG 156—2004
JJG 158—2013	补偿式微压计检定规程 V. R. of Compensated Micro - manometer	JJG 158—1994
JJG 159—2008	双活塞式压力真空计检定规程 V. R. of Standard Dual Piston Pressure Vacuum Gauge	JJG 159—1994

现行规程号	规 程 名 称	被代替规程号
JJG 160—2007	标准铂电阻温度计检定规程 V.R. of Standard Platinum Resistance Thermometer	JJG 160—1992 JJG 716—1991 JJG 859—1994
JJG 161—2010	标准水银温度计检定规程 V.R. of Standard Mercury - in - Glass Thermometer	JJG 161—1994
JJG 162—2019	饮用冷水水表检定规程 V.R. of Cold Potable Water Meters	JJG 162—2009 正文部分
JJG 163—1991	电容工作基准检定规程 V.R. of Working Standards for Capacitance	
JJG 164—2000①	液体流量标准装置检定规程 V.R. of Standard Facilities for Liquid Flowrate	JJG 164—1986 JJG 217—1989
JJG 165—2005	钟罩式气体流量标准装置检定规程 V.R. of Standard Bell Provers of Gas Flow	JJG 165—1989
JJG 166—1993②	直流电阻器检定规程 V.R. of DC Resistors	JJG 166—1984 JJG 126—1988
JJG 167—1995	标准铂铑 30－铂铑 6 热电偶检定规程 V.R. of Standard Pt Rh - 30/Pt Rh - 6 Thermocouple	JJG 167—1975

①该规程部分内容被 JJG 1113—2015 代替。

②该规程部分内容被 JJG 982—2003 和 JJG 1072—2011 代替。

现行规程号	规程名称	被代替规程号
JJG 168—2018	立式金属罐容量检定规程 V.R. of Vertical Metal Tank Capacity	JJG 168—2005
JJG 169—2010	互感器校验仪检定规程 V.R. of Transformer Test Set	JJG 169—1993
JJG 171—2016	液体相对密度天平检定规程 V.R. of Ralative Density Balance for Liquid	JJG 171—2004
JJG 172—2011	倾斜式微压计检定规程 V.R. of Tilting Tube Micro-manometer	JJG 172—1994
JJG 173—2003	信号发生器检定规程 V.R. of Signal Generators	JJG 173—1986 JJG 174—1985 JJG 324—1983 JJG 325—1983 JJG 339—1983 JJG 438—1986
JJG 175—2015	工作标准传声器(静电激励器法)检定规程 V.R. of Working Standard Microphones(Electrostatic Actuator Method)	JJG 175—1998
JJG 176—2005	声校准器检定规程 V.R. of Sound Calibrators	JJG 176—1995
JJG 177—2016	圆锥量规检定规程 V.R. of Taper Gauges	JJG 177—2003

现行规程号	规 程 名 称	被代替规程号
JJG 178—2007	紫外、可见、近红外分光光度计检定规程 V.R. of Ultraviolet, Visible, Near-Infrared Spectrophotometers	JJG 178—1996 JJG 375—1996 JJG 682—1990 JJG 689—1990
JJG 179—1990*	滤光光电比色计检定规程 V.R. of Photoelectric Colorimeter with Filter	JJG 179—1981
JJG 180—2002	电子测量仪器内石英晶体振荡器检定规程 V.R. of Crystal Oscillators inside the Electrical Measuring Instruments	JJG 180—1978
JJG 181—2005	石英晶体频率标准检定规程 V.R. of Quartz Crystal Frequency Standards	JJG 181—1989
JJG 182—2005	奇数沟千分尺检定规程 V.R. of Micrometers with Prismatically Arranged Measuring Faces	JJG 182—1993
JJG 183—2017	标准电容器检定规程 V.R. of Standard Capacitors	JJG 183—1992
JJG 184—2012	液化气体铁路罐车容积检定规程 V.R. of Volume of Rail Tankers for Liquefied Gases	JJG 184—1993
JJG 185—2017	500Hz～1MHz 标准水听器(自由场比较法)检定规程 V.R. of Standard Hydrophones in the Frequency Range 500 Hz to 1 MHz (Free-field Comparison Method)	JJG 185—1997

现行规程号	规 程 名 称	被代替规程号
JJG 186—1997	动圈式温度 指示 指示位式调节 仪表检定规程 V. R. of Moving - Coil Indicators and Step - indication Controllers Associated for Measuring Temperature	JJG 186—1989 JJG 187—1986
JJG 188—2017	声级计检定规程 V. R. of Sound Level Meters	JJG 188—2002 检定部分
JJG 189—1997	机械式振动试验台检定规程 V. R. of Mechanical Vibration Generator for Testing	JJG 189—1987
JJG 191—2018	水平仪检定器检定规程 V. R. of Calibrators for the Levels	JJG 191—2002
JJG 194—2007	方箱检定规程 V. R. of Box Plates	JJG 194—1992
JJG 195—2019	连续累计自动衡器(皮带秤)检定规程 V. R. of Continuous Totalizing Automatic Weighing Instruments (Belt Weighers)	JJG 195—2002 检定部分
JJG 196—2006	常用玻璃量器检定规程 V. R. of Working Glass Container	JJG 196—1990
JJG 197—1979	LCCG - 1 型高频电感电容测量仪试行检定规程 V. R. of LCCG - 1 Type HF Inductance and Capacitance Meter	

现行规程号	规 程 名 称	被代替规程号
JJG 198—1994[1]	速度式流量计检定规程 V.R. of Velocity Flowmeter	JJG 198—1990 JJG 463—1986 JJG 464—1986 JJG 566—1989 JJG 620—1989
JJG 199—1996 2005 年确认有效	猝发音信号源检定规程 V.R. of Tone Burst Generators	
JJG 200—1980	外差式频率计检定规程 V.R. of Heterodyne Frequency Meter	
JJG 201—2018	指示类量具检定仪检定规程 V.R. of Testers for Dial Gauges	JJG 201—2008
JJG 202—2007	自准直仪检定规程 V.R. of Autocollimators	JJG 202—1990
JJG 204—1980	气象用通风干湿表检定规程 V.R. of Meteorological Ventilation Psychrometer	气象仪器试行检定规程第 4 号
JJG 205—2005	机械式温湿度计检定规程 V.R. of Mechanical Thermohygrometers	JJG 205—1980
JJG 207—1992	气象用玻璃液体温度表检定规程 V.R. of Meteorological Liquid-in-Glass Thermometer	JJG 207—1980 JJG 206—1980

① 该规程部分内容被 JJG 1121—2015、JJG 1029—2007、JJG 1030—2007、JJG 1033—2007 和 JJG 1037—2008 代替。

现行规程号	规 程 名 称	被代替规程号
JJG 208—1980	气象仪器用机械自记钟检定规程 V.R. of Meteorological Mechanical Recording - Clock	气象仪器试行检定规程第 6 号
JJG 209—2010	体积管检定规程 V.R. of Pipe Prover	JJG 209—1994
JJG 210—2004	水银气压表检定规程 V.R. of Mercurial Barometers	JJG 210—1980
JJG 211—2005	亮度计检定规程 V.R. of Luminance Meter	JJG 211—1989 JJG 554—1988
JJG 212—2003	色温表检定规程 V.R. of Colour Temperature Meters	JJG 212—1990
JJG 213—2003	分布（颜色）温度标准灯检定规程 V.R. of Standard Lamps for Distribution (Colour) Temperature	JJG 213—1990
JJG 214—1980 2005 年确认有效	滚动落球粘度计试行检定规程 V.R. of Viscosimeter for Roll Down Ball Type	
JJG 218—1991	电感工作基准检定规程 V.R. of Working Standards for Inductance	
JJG 219—2015	标准轨距铁路轨距尺检定规程 V.R. of Track Gages for Standard Gauge Railway	JJG 219—2008

现行规程号	规 程 名 称	被代替规程号
JJG 223—1996	海洋电测温度计检定规程 V.R. of Sea Electric Measuring Thermometer	
JJG 225—2001	热能表检定规程 V.R. of Heat Meters	JJG 225—1992
JJG 226—2001	双金属温度计检定规程 V.R. of Bimetallic Thermometer	JJG 226—1989
JJG 227—1980	标准光学高温计检定规程 V.R. of the Standard Optical Pyrometer	
JJG 228—1993 2005年确认有效	静态激光小角光散射光度计检定规程 V.R. of Static Low Angly Laser Light Scattering Spectrophotometer	
JJG 229—2010	工业铂、铜热电阻检定规程 V.R. of Industrial Platinum Copper Resistance Thermometers	JJG 229—1998
JJG 233—2008	压电加速度计检定规程 V.R. of Piezoelectric Accelerometer	JJG 233—1996
JJG 234—2012	自动轨道衡检定规程 V.R. of Automatic Rail-Weighbridges	JJG 234—1990 JJG 709—1990
JJG 236—2009	活塞式压力真空计检定规程 V.R. of Piston Pressure Vacuum Gauges	JJG 236—1994 JJG 239—1994

现行规程号	规 程 名 称	被代替规程号
JJG 237—2010	秒表检定规程 V.R. of Stopwatches	JJG 237—1995 JJG 238—1995 附录 3 部分
JJG 238—2018	时间间隔测量仪检定规程 V.R. of Time Interval Meters	JJG 238—1995 JJG 953—2000
JJG 240—1981	一等标准液体压力计试行检定规程 V.R. of Liquid Manometer (Grade Ⅰ)	
JJG 241—2002	精密杯形和 U 形液体压力计检定规程 V.R. of Precision Liquid Manometers for Cistern and U-tube	JJG 241—1981
JJG 242—1995	特斯拉计检定规程 V.R. of Tesla-Meter	JJG 242—1982
JJG 244—2003	感应分压器检定规程 V.R. of Inductive Voltage Divider	JJG 244—1981
JJG 245—2005	光照度计检定规程 V.R. of Illuminance Meter	JJG 245—1991
JJG 246—2005	发光强度标准灯检定规程 V.R. of Standard Lamp of Luminous Intensity	JJG 246—1991 JJG 732—1991
JJG 247—2008	总光通量标准白炽灯检定规程 V.R. of Standard Incandescent Lamp for Total Luminous Flux	JJG 247—1991

现行规程号	规 程 名 称	被代替规程号
JJG 248—1981	工作标准激光小功率计试行检定规程 V.R. of Working Standard of Laser Power Meter in Low Range	
JJG 249—2004	0.1mW～200W 激光功率计检定规程 V.R. of 0.1mW～200W Laser Power Meter	JJG 249—1981 JJG 293—1982
JJG 250—1990	电子电压表检定规程 V.R. of Electronic Voltmeter	JJG 250—1981
JJG 251—1997	失真度测量仪检定规程 V.R. of Distortion Meter Calibrator	JJG 251—1981
JJG 252—1981	RS-2 及 RS-3 型校准接收机检定规程 V.R. of Calibration Receiver Type RS-2 and RS-3	
JJG 253—1981	用Д1-2 型衰减标准装置检定衰减器检定规程 V.R. of Calibrating Attenuator by Д1-2 Type Attenuation Standard Equipment	
JJG 254—1990	补偿式电压表检定规程 V.R. of Compensation Voltmeter	JJG 254—1981

现行规程号	规 程 名 称	被代替规程号
JJG 255—1981	三厘米波导热敏电阻座检定规程 V.R. of Waveguide Thermistor Mount for X-Band	
JJG 256—1981	DYB-2 型电子管电压表检定仪检定规程 V.R. of Tube Voltmeter Verification Device DYB-2	
JJG 257—2007[①]	浮子流量计检定规程 V.R. of Rota Meter	JJG 257—1994
JJG 259—2005	标准金属量器检定规程 V.R. of Standard Metal Tank	JJG 259—1989 JJG 402—1985
JJG 261—1981	标准压缩式真空计试行检定规程 V.R. of Standard Compression Vacuum Gauge	
JJG 262—1996	模拟示波器检定规程 V.R. of Analogue Oscilloscope	JJG 262—1981 JJG 411—1986 JJG 542—1988
JJG 264—2008	容重器检定规程 V.R. of Measuring Instruments for Cereals Density	JJG 264—1981
JJG 266—2018	卧式金属罐容量检定规程 V.R. of Horizontal Metal Tank Capacity	JJG 266—1996

①该规程部分内容被 JJF 1589—2016 代替。

现行规程号	规 程 名 称	被代替规程号
JJG 268—1982	GZZ2-1 型转筒式电码探空仪检定规程 V.R. of Model GZZ 2-1 Turning Cylinder Code-Type Radiosonde	
JJG 269—2006	扭转试验机检定规程 V.R. of Torsion Testing Machines	JJG 269—1981
JJG 270—2008	血压计和血压表检定规程 V.R. of Sphygmomanometer	JJG 270—1995
JJG 272—2007	空盒气压表和空盒气压计检定规程 V.R. of Aneroid Barograph and Aneroid Barograph	JJG 272—1991
JJG 274—2007	双管水银压力表检定规程 V.R. of Double Tube Mercury Barometer	JJG 274—1981
JJG 275—2003	多刃刀具角度规检定规程 V.R. of Protractors for Multiple Point Tool	JJG 275—1981
JJG 276—2009	高温蠕变、持久强度试验机检定规程 V.R. of High-Temperature Creep and Stress-Rupture Testing Machine	JJG 276—1988
JJG 277—2017	标准声源检定规程 V.R. of Reference Sound Sources	JJG 277—1998

现行规程号	规 程 名 称	被代替规程号
JJG 278—2002	示波器校准仪检定规程 V.R. of Oscilloscope Calibrators	JJG 278—1981
JJG 281—1981	波导测量线检定规程 V.R. of Waveguide Slotted Line	
JJG 282—1981	同轴热电薄膜功率座检定规程 V.R. of Coaxial Thin Film Thermoelectric Power Head	
JJG 283—2007	正多面棱体检定规程 V.R. of Angular Polygon	JJG 283—1997
JJG 285—1993	带时间比例、比例积分微分作用的动圈式温度指示调节仪表检定规程 V.R. of Moving Coil Temperature Indicating Instrument with Time Proportional or PID Action	JJG 285—1982
JJG 287—1982	气象用双金属温度计检定规程 V.R. of Meteorological Bimetallic Thermograph	气象仪器试行检定规程第 2 号
JJG 288—2005	颠倒温度表检定规程 V.R. of Deep Sea Reversing Thermometers	JJG 288—1982
JJG 289—2019	表层水温表检定规程 V.R. of Bucket Thermometers	JJG 289—2005

现行规程号	规 程 名 称	被代替规程号
JJG 291—2018	溶解氧测定仪检定规程 V.R. of Dissolved Oxygen Meters	JJG 291—2008
JJG 292—2009	铷原子频率标准检定规程 V.R. of Rubidium Atomic Frequency Standards	JJG 292—1996
JJG 297—1997 2005年确认有效	标准硬质合金洛氏(A标尺)硬度块检定规程 V.R. of Standard Hardmetals Rockwell (A scale) Hardness Test Black	
JJG 298—2015	标准振动台检定规程 V.R. of Standard Vibrators	JJG 298—2005
JJG 299—1982	工作标准感光仪检定规程 V.R. of Working Standard Sensito-meter	
JJG 300—2002	小角度检查仪检定规程 V.R. of Small Angle Testers	JJG 300—1982
JJG 302—1983	水泥罐容积检定规程 V.R. of Concrete Tank-Tank Volume	
JJG 303—1982	频偏测量仪检定规程 V.R. of Frequency Deflection Meter	
JJG 304—2003	A型邵氏硬度计检定规程 V.R. of Shore A Durometers	JJG 304—1989

现行规程号	规 程 名 称	被代替规程号
JJG 306—2004	24m 因瓦基线尺检定规程 V.R. of 24 m Invar Wire	JJG 306—1982
JJG 307—2006*	机电式交流电能表检定规程 V.R. of Electromechanical Meters for Measuring Alternating - current Electrical Energy	JJG 307—1988
JJG 308—2013	射频电压表检定规程 V.R. of RF Voltmeters	JJG 279—1981 JJG 308—1983 JJG 319—1983
JJG 309—2011	500K～1 000K 黑体辐射源检定规程 V.R. of the Blackbody Radiators at the 500K～1 000K	JJG 309—2001
JJG 310—2002	压力式温度计检定规程 V.R. of Filled System Thermometers	JJG 310—1983
JJG 311—2014	焦距仪检定规程 V.R. of Focometers	JJG 311—1996
JJG 312—1983	激光能量计检定规程 V.R. of Laser Energy Meter	
JJG 313—2010	测量用电流互感器检定规程 V.R. of Instrument Current Transformers	JJG 313—1994
JJG 314—2010	测量用电压互感器检定规程 V.R. of Instrument Voltage Transformers	JJG 314—1994

现行规程号	规 程 名 称	被代替规程号
JJG 316—1983	磁通量具试行检定规程 V.R. of Magnetic Flux Measure	
JJG 317—1983	磁通表试行检定规程 V.R. of Magnetic Flux Meter	
JJG 318—1983	DO-2 型高频电压校准装置检定规程 V.R. of HF Voltage Calibration Apparatus Types DO-2 and the Like	
JJG 320—1983	波导噪声发生器检定规程 V.R. of Waveguide Noise Generator	
JJG 321—1983	串联高频替代法检定衰减器检定规程 V.R. of Calibration Attenuator by Series RF Substitution	
JJG 322—1983	回转衰减器检定规程 V.R. of Rotory Vane Attenuator	
JJG 323—1983	波导型标准移相器检定规程 V.R. of Waveguide Standard Phase Shifter	
JJG 326—2006	转速标准装置检定规程 V.R. of Standard Equipment for Revolution Speed	JJG 326—1983
JJG 330—2005	机械式深度温度计检定规程 V.R. of Mechanical Bathythermographs	JJG 330—1983

现行规程号	规 程 名 称	被代替规程号
JJG 331—1994	激光干涉比长仪检定规程 V.R. of Laser Interference Comparator	JJG 331—1983
JJG 332—2003	齿轮渐开线样板检定规程 V.R. of Gear Involute Master	JJG 332—1983
JJG 338—2013	电荷放大器检定规程 V.R. of Charge Amplifiers	JJG 338—1997
JJG 340—2017	1Hz～2kHz 标准水听器(密闭腔比较法)检定规程 V.R. of Standard Hydrophones in the Frequency Range 1 Hz to 2 kHz (Closed-chamber Comparison Method)	JJG 340—1999
JJG 341—1994	光栅线位移测量装置检定规程 V.R. of Grating Linear Displacement Measuring Device	
JJG 342—2014	凝胶色谱仪检定规程 V.R. of Gel Permeation Chromatographs	JJG 342—1993
JJG 343—2012	光滑极限量规检定规程 V.R. of Plain Limit Gauges	JJG 343—1996
JJG 344—2005	镍铬-金铁热电偶检定规程 V.R. of Ni - Cr/Au + 0.07at.% Fe Thermocouple	JJG 344—1984
JJG 346—1991 2005 年确认有效	肖氏硬度计检定规程 V.R. of Shore Hardness Tester	JJG 346—1984

现行规程号	规 程 名 称	被代替规程号
JJG 347—1991 2005年确认有效	标准肖氏硬度块检定规程 V.R. of Standard Shore Hardness Test Block	JJG 347—1984
JJG 349—2014	通用计数器检定规程 V.R. of Universal Counters	JJG 349—2001
JJG 350—1994	标准套管铂电阻温度计检定规程 V.R. of Standard Capsule Platinium Resistance Thermocouple	JJG 350—1984
JJG 352—1984	永磁材料标准样品磁特性试行检定规程 V.R. of Standard Sample of the Magnetic Properties of Permanent Magnet Materials	
JJG 353—2006	633nm稳频激光器检定规程 V.R. of 633nm Frequency Stabilized Lasers	JJG 353—1994
JJG 354—1984	软磁材料标准样品试行检定规程 V.R. of Standard Sample of the Magnetic Properties of Soft Magnetic Materials	
JJG 356—2004	气动测量仪检定规程 V.R. of Pneumatic Measuring Instrument for Micrometers	JJG 356—1984
JJG 357—1984	6460型热电薄膜功率计试行检定规程 V.R. of the Thin Film Thermoelectric Power Meter Type 6460	

现行规程号	规程名称	被代替规程号
JJG 358—1984	RR-2A 型干扰场强测量仪试行检定规程 V.R. of Model RR-2A Interference and Field Strength Measuring Instrument	
JJG 359—1984	300MHz 频率特性测试仪试行检定规程 V.R. of 300 MHz Frequency Response Test Set	
JJG 360—1984	同轴测量线检定规程 V.R. of Coaxial Slotted Line	
JJG 361—2003	脉冲电压表检定规程 V.R. of Pulse Voltmeter	JJG 361—1984
JJG 362—1984	DO 16 型超高频微伏电压校准装置试行检定规程 V.R.for Model DO 16 UHF Microvolt Voltage Calibrating Equipment	
JJG 365—2008	电化学氧测定仪检定规程 V.R. of Electrochemical Oxygen Meter	JJG 365—1998
JJG 366—2004	接地电阻表检定规程 V.R. of Earth Resistance Meters	JJG 366—1986
JJG 368—2000	工作用铜-铜镍热电偶检定规程 V.R. of the Working Copper/Copper-Nickel Thermocouple	JJG 368—1984

现行规程号	规 程 名 称	被代替规程号
JJG 369—1993 2005年确认有效	塑料球压痕硬度计检定规程 V.R. of Plastic Ball Indentation Hardness Testing Machine	JJG 369—1984
JJG 370—2019	在线振动管液体密度计检定规程 V.R. of On-line Oscillation Tube Liquid Density Meters	JJG 370—2007
JJG 371—2005	量块光波干涉仪检定规程 V.R. of Gauge Block Interferometers	JJG 371—1992 JJG 770—1992
JJG 372—1985	称量法储罐液体计量系统试行检定规程 V.R. of Standard Meter Tank on the Truck	
JJG 373—1997 2005年确认有效	四球摩擦试验机检定规程 V.R. of Four-ball Friction Testing Machine	
JJG 374—1997	电平振荡器检定规程 V.R. of Level Oscillator	
JJG 376—2007	电导率仪检定规程 V.R. of Electrolytic Conductivity Meters	JJG 376—1985
JJG 377—2019	放射性活度计检定规程 V.R. of Radioactivity Meters	JJG 377—1998
JJG 379—2009	大量程百分表检定规程 V.R. of Wide Range Gauges Reading in 0.01mm	JJG 379—1995

现行规程号	规 程 名 称	被代替规程号
JJG 383—2002	光谱辐射亮度标准灯检定规程 V.R. of Spectral Radiance Standard Lamps	JJG 383—1985
JJG 384—2002	光谱辐射照度标准灯检定规程 V.R. of Spectral Irradiance Standard Lamps	JJG 384—1985
JJG 385—2008	总光通量标准荧光灯检定规程 V.R. of Standard Fluorescent Lamp of Total Luminous Flux	JJG 385—1985
JJG 386—1985	总光通量标准荧光高压汞灯试行检定规程 V.R. of Standard Fluorescent High Pressure Mercury Vapour Lamps for Totel Lumious Flux	
JJG 387—2005	同轴电阻式衰减器检定规程 V.R. of Coaxial Attenuator	JJG 387—1985 JJG 419—1986 JJG 507—1987
JJG 388—2001	纯音听力计检定规程 V.R. of Pure - tone Audiometers	JJG 388—1985
JJG 388—2012	测听设备 纯音听力计检定规程 V.R. of Audiological Equipment Pure-tone Audiometers	JJG 388—2001 检定部分
JJG 389—2003	仿真耳检定规程 V.R. of Artificial Ears	JJG 389—1985
JJG 390—1985 2005年确认有效	船用pH计检定规程 V.R. of Shipboard pH Meter	

现行规程号	规 程 名 称	被代替规程号
JJG 391—2009	力传感器检定规程 V.R. of Force Transducers	JJG 391—1985
JJG 392—1996 2005年确认有效	感应式盐度计检定规程 V.R. of Induction Salinometer	JJG 392—1985
JJG 393—2018	便携式X、γ辐射周围剂量当量(率)仪和监测仪检定规程 V.R. of Portable Ambient Dose Equivalent (Rate) Meters and Monitors for X and Gamma Radiations	JJG 393—2003
JJG 394—1997	超声多普勒胎儿监护仪超声源检定规程 V.R. of Ultrasonic Source for Ultrasonic Doppler Fetal Monitor	
JJG 395—2016	定碳定硫分析仪检定规程 V.R. of Carbon-sulfur Analyzers	JJG 395—1997
JJG 401—1985	球径仪检定规程 V.R. of Spherometer	
JJG 404—2015	铁路轨距尺检定器检定规程 V.R. of Calibrators for Railway Track Gage	JJG 404—2008
JJG 405—1986	硅钢片(带)标准样品试行检定规程 V.R. of the Standard Specimen of Magnetic Sheet and Strip	

现行规程号	规 程 名 称	被代替规程号
JJG 406—1986	弱磁材料标准样品试行检定规程 V.R. for Standard Sample of Feebly Megnetic Materials	
JJG 407—1986	电工纯铁标准样品试行检定规程 V.R. of the Standard Specimen of Electrical Iron	
JJG 408—2000	齿轮螺旋线样板检定规程 V.R. of Gear Helix Master	JJG 408—1986
JJG 409—1986	射频同轴热电转换标准检定规程 V.R. of Thermal Voltage Convertors in RF Coaxial Guide Systems	
JJG 410—1994	精密交流电压校准源检定规程 V.R. of Precise AC Voltage Calibration Source	JJG 410—1986
JJG 412—2005	水流型气体热量计检定规程 V.R. of the Water - Flow Gas Calorimeter	JJG 412—1986
JJG 413—2009	皮革面积测量机检定规程 V.R. of Leather Area Measuring Machine	JJG 413—1999
JJG 414—2011	光学经纬仪检定规程 V.R. of Optical Theodolites	JJG 414—2003

现行规程号	规 程 名 称	被代替规程号
JJG 416—1986	铂铱合金管镭源检定规程 V.R. of Radium Source Inclosed Pt-Ir(10%) Container	
JJG 417—2006	γ谱仪检定规程 V.R. of γ-Ray Spectrometer	JJG 417—1986
JJG 418—1986	HL 18 型雷达综合测试仪检定规程 V.R. of Radar Tester Type HL 18	
JJG 420—1986	高频标准零电平表检定规程 V.R. of High Frequency Standard Level Meter	
JJG 421—1986	CJ-2 型高频介质损耗测量仪检定规程 V.R. of CJ-2 Type HF Dielectrometer	
JJG 422—1986	WD-1 型微电位计检定规程 V.R. of Micropotentiometer Type WD-1	
JJG 423—1986	RR 7 型干扰场强测量仪检定规程 V.R. of Type RR 7 Interference Field Strength Measuring Apparatus	
JJG 425—2003	水准仪检定规程 V.R. of Levels	JJG 425—1994
JJG 427—2004	带表千分尺检定规程 V.R. of Micrometers with Gauge	JJG 427—1986

现行规程号	规 程 名 称	被代替规程号
JJG 429—2000	圆度、圆柱度测量仪检定规程 V.R. for Measurement Standard Instrument of Roundness and Cylindricity	JJG 429—1986
JJG 431—2014	轻便三杯风向风速表检定规程 V.R. of Portable 3 - cup Anemometers	JJG 431—1986
JJG 433—2004	比相仪检定规程 V.R. of Phase Comparators	JJG 433—1986
JJG 434—1986	彩色电视副载频校频仪检定规程 V.R. of TV Colour Subcarrier Frequency Comparator	
JJG 435—1986	同轴衰减型中功率座检定规程 V.R. of Coaxial Mid-Power Mount with Attenuator	
JJG 439—1986	中频精密截止式衰减器检定规程 V.R. of Intermediate Frequency Precision Waveguide Below Cut - off Attenuator	
JJG 440—2008	工频单相相位表检定规程 V.R. of Industry Frequency Single-phase Phaso Meter	JJG 440—1986
JJG 441—2008	交流电桥检定规程 V.R. of Alternating Current Bridge	JJG 441—1986
JJG 442—1986	UHF 电视扫频仪试行检定规程 V.R. of UHF Television Sweep Scope	

现行规程号	规 程 名 称	被代替规程号
JJG 443—2015	燃油加油机检定规程 V.R. of Fuel Dispensers	JJG 443—2006 正文部分
JJG 444—2005	标准轨道衡检定规程 V.R. of Standard Rail-weigh-bridges	JJG 444—1986
JJG 446—1986	931B型有效值差分电压表检定规程 V.R. of Model 931B RMS Differential Voltmeter	
JJG 447—1986	1103-(1～4)型同轴功率传递标准座试行检定规程 V.R. of Coaxial Transfer Standard Mount Models 1103-(1～4)	
JJG 448—2005	瓦级超声功率计检定规程 V.R. of Ultrasonic Power Meters for Watt Level	JJG 448—1993
JJG 449—2014	倍频程和分数倍频程滤波器检定规程 V.R. of Octave-Band and Fractional-Octave-Band Filters	JJG 449—2001 正文部分
JJG 450—2016	果品硬度计检定规程 V.R. of Fruits Hardness Testers	JJG 450—1986
JJG 451—1986	储罐液体称量仪标准器试行检定规程 V.R. of Standardmeter for Store Liquid	

现行规程号	规 程 名 称	被代替规程号
JJG 452—2006	黑白密度片检定规程 V. R. of Black and White Step Tablet	JJG 452—1986
JJG 453—2002	标准色板检定规程 V. R. of Colour Standard Plates	JJG 453—1986
JJG 454—1986	硬度计球压头检定规程 V. R. of Spherical Indenters for Hardness Testers	
JJG 455—2000	工作测力仪检定规程 V. R. of Working Dynamometers	JJG 455—1986 JJG 883—1994
JJG 456—1992	直接辐射表检定规程 V. R. of Pyrheliometer	JJG 456—1986
JJG 457—1986	单管水银压力表检定规程 V. R. of Single Tube Mercury Manometer	
JJG 458—1996	总辐射表检定规程 V. R. of Pyranometer	JJG 458—1986
JJG 459—1986	辐射电流表检定规程 V. R. of Microammeter for Radiation Instruments	
JJG 461—2010	靶式流量计检定规程 V. R. of Target Transducer	JJG 461—1986
JJG 462—2004	二等标准电离真空计检定规程 V. R. of Secondary Standard Ionization Vacuum Gauges	JJG 462—1986

现行规程号	规 程 名 称	被代替规程号
JJG 464—2011	半自动生化分析仪检定规程 V.R. of Semiautomatic Ceinical Chemistry Analyzer	JJG 464—1996
JJG 465—1986	球径仪样板试行检定规程 V.R. of Spherometer Special - Gauge	
JJG 466—1993	气动指针式测量仪检定规程 V.R. of Pointer Pneumatic Measuring Instruments	JJG 466—1986
JJG 467—1986	孔径测量仪试行检定规程 V.R. of Precision Bore Diameter Measuring Instrument	
JJG 471—2003	轴承内外径检查仪检定规程 V.R. of Bearing Inside and Outside Diameter Testers	JJG 471—1986
JJG 472—2007	多齿分度台检定规程 V.R. of Precise Angle Dividing Table	JJG 472—1997
JJG 473—2009	套管尺检定规程 V.R. of Casing Coupling Meter	JJG 473—1995
JJG 474—1986 2005 年确认有效	木材万能试验机检定规程 V.R. of Universal Testing Machine for Wood	
JJG 475—2008	电子式万能试验机检定规程 V.R. of Electronic Universal Testing Machine	JJG 475—1986

现行规程号	规 程 名 称	被代替规程号
JJG 476—2001	抗折试验机检定规程 V.R. of Flexure Testing Machine	JJG 476—1986 JJG 477—1986
JJG 478—2016	α、β表面污染仪检定规程 V.R. of α and β Surface Contamination monitors	JJG 478—1996
JJG 480—2007	X射线测厚仪检定规程 V.R. of X-Ray Thickness Gauge	JJG 480—1987
JJG 482—2017	实验室标准传声器(自由场互易法)检定规程 V.R. of Laboratory Standard Microphones (Free-Field Reciprocity Method)	JJG 482—2005
JJG 484—2007	直流测温电桥检定规程 V.R. of the DC Bridges for Measuring Temperature	JJG 484—1987
JJG 485—1987	万能比例臂电桥检定规程 V.R. of the Universal Radio Bridges	
JJG 486—1987	微调电阻箱试行检定规程 V.R. of Microadjustment Resistance Box	
JJG 487—1987	三次平衡双电桥检定规程 V.R. of Three Steps Balance Double Bridge	
JJG 488—2018	瞬时日差测量仪检定规程 V.R. of Instantaneous Daily Clock Time Difference Testers	JJG 488—2008

现行规程号	规 程 名 称	被代替规程号
JJG 490—2002	脉冲信号发生器检定规程 V.R. of Pulse Generators	JJG 490—1993 JJG 263—1981
JJG 491—1987	1GHz 取样示波器检定规程 V.R. of 1 GHz Sampling Oscilloscope	
JJG 492—2009	铯原子频率标准检定规程 V.R. of Cesium Atomic Frequency Standards	JJG 492—1987
JJG 493—1987	软磁材料音频磁特性标准样品（交流磁化曲线及幅值磁导率）检定规程 V.R. for Audio Magnetic Properties of Standard Specimen of Soft Magnetic Materials (A-C Magnetization Curve and Amplitude Permeability)	
JJG 494—2005	高压静电电压表检定规程 V.R. of High Voltage Electrostatic Voltmeter	JJG 494—1987
JJG 495—2006	直流磁电系检流计检定规程 V.R. of DC Magnetoelectric Galvanometers	JJG 495—1987
JJG 496—2016	工频高压分压器检定规程 V.R. of High Voltage Divider at Power Frequency	JJG 496—1996
JJG 497—2000	碰撞试验台检定规程 V.R. of Bump Testing Machines	JJG 497—1987 JJG 498—1987

现行规程号	规 程 名 称	被代替规程号
JJG 499—2004	精密露点仪检定规程 V.R. of Precision Dew - Point Hygrometer	JJG 499—1987
JJG 500—2005	电解法湿度仪检定规程 V.R. of Electrolytic Hygrometers	JJG 500—1987
JJG 502—2017	合成信号发生器检定规程 V.R. of Synthesized Signal Generators	JJG 502—2004
JJG 503—1987	PB - 2 型十进频率仪检定规程 V.R. of Model PB - 2 Decimal Frequency Meter	
JJG 504—1987	CLX - 2 型和 CLX - $\frac{20A}{20B}$ 型大接头平板型同轴测量线检定规程 V.R. of Model CLX - 2/CLX - $\frac{20A}{20B}$ Parallel - plate Coaxial Slotted Line with Big Sixe Connector	
JJG 505—2004	直流比较仪式电位差计检定规程 V.R. of D.C. Comparator Potentiometers	JJG 505—1987
JJG 506—2010	直流比较仪式电桥检定规程 V.R. of DC Current Comparator Bridge	JJG 506—1987
JJG 508—2004	四探针电阻率测试仪检定规程 V.R. of Resistivity Measuring Instruments with Four - Prope Array Method	JJG 508—1987

现行规程号	规 程 名 称	被代替规程号
JJG 511—1987	微弱光照度计检定规程 V.R. of Low Light level Illuminance Meter	
JJG 512—2002	白度计检定规程 V.R. of the Whiteness Meters	JJG 512—1987
JJG 513—1987	直读式验电器型个人剂量计(试行)检定规程 V.R. of Direct - reading Electroscope type Personal Dosemeter	
JJG 515—1987	轻便磁感风向风速表试行检定规程 V.R. of Portable Induction Anemometer	
JJG 516—1987	BJ2920(HQ2)型数字式晶体三极管综合(直流)参数测试仪检定规程 V.R. of Model BJ2920 (HQ2) Digital DC Characterization Tester for Bipolor Transister	
JJG 517—2016	出租汽车计价器检定规程 V.R. of Taximeters	JJG 517—2009 正文部分
JJG 518—1998	皮托管检定规程 V.R. of Pitot Tubes	JJG 518—1988
JJG 520—2005	粉尘采样器检定规程 V.R. of Dust Samplers	JJG 520—2002

现行规程号	规 程 名 称	被代替规程号
JJG 521—2006	环境监测用X、γ辐射空气比释动能(吸收剂量)率仪检定规程 V.R. of X and Gamma Radiation Air Kerma Ratemeters for Environmental Monitoring	JJG 521—1988
JJG 523—1988	200型万能比较仪检定规程 V.R. of Universal Comparator 200	
JJG 524—1988	雨量器和雨量量筒检定规程 V.R. of Raingauge and Measuring Cylinder	
JJG 525—2014	斜块式测微仪检定器检定规程 V.R. of Wedge - feet Calibrator for Micrometers	JJG 525—2002
JJG 527—2015	固定式机动车雷达测速仪检定规程 V.R. of Fixed Radar Vehicle Speed Measurement Devices	JJG 527—2007
JJG 528—2015	移动式机动车雷达测速仪检定规程 V.R. of Mobile Radar Vehicle Speed Measurement Devices	JJG 528—2004
JJG 531—2003	直流电阻分压箱检定规程 V.R. of the DC Resistive Volt Ratio Box	JJG 531—1988
JJG 532—1988	三厘米波导标准负载检定规程 V.R. of Waveguide Standard Load at X-band	

现行规程号	规 程 名 称	被代替规程号
JJG 533—2007	标准模拟应变量校准器检定规程 V. R. for Calibrator of Standard Analogue Strain Quantity	JJG 533—1988
JJG 534—1988	“1107-1～1107-5”系列波导射频功率传递标准检定规程 V. R. of Model “1107-1～1107-5” Series Waveguide RF Power Transfer Standard	
JJG 535—2004	氧化锆氧分析器检定规程 V. R. of Zirconia Oxygen Analyzers	JJG 535—1988
JJG 536—2015	旋光仪及旋光糖量计检定规程 V. R. of Polarimeter and Polarimetric Saccharimeters	JJG 536—1998
JJG 537—2006	荧光分光光度计检定规程 V. R. of Fluorescence Spectro photometer	JJG 537—1988 JJG 538—1988
JJG 539—2016	数字指示秤检定规程 V. R. of Digital Indicating Weighing Instruments	JJG 539—1997
JJG 540—2019	工作用液体压力计检定规程 V. R. of Liquid Manometers for Working	JJG 540—1988
JJG 541—2005	落体式冲击试验台检定规程 V. R. of Falling Body Type Shock Testing Machines	JJG 541—1988

现行规程号	规 程 名 称	被代替规程号
JJG 542—1997	金-铂热电偶检定规程 V.R. of the Gold - Platinum Thermocouple	
JJG 543—2008	心电图机检定规程 V.R. of Electrocardiograph	JJG 543—1996 心电图机部分
JJG 544—2011	压力控制器检定规程 V.R. of Pressure Controller	JJG 544—1997
JJG 545—2015	频标比对器检定规程 V.R. of Frequency Comparators	JJG 545—2006
JJG 546—2010	直流比较电桥检定规程 V.R. of DC Comparison Bridge	JJG 546—1988
JJG 548—2018	测汞仪检定规程 V.R. of Mercury Analyzers	JJG 548—2004
JJG 549—1988 2005年确认有效	方波极谱仪试行检定规程 V.R. of Square Wave Polarograph	
JJG 550—1988 2005年确认有效	扫描电子显微镜试行检定规程 V.R. of Scanning Electron Microscope	
JJG 551—2003	二氧化硫气体检测仪检定规程 V.R. of Sulfur Dioxide Cas Detectors	JJG 551—1988 JJG 816—1993
JJG 552—1988	血细胞计数板试行检定规程 V.R. of the Chambers for Counting Blood Cells	
JJG 553—1988	血液气体酸碱分析仪检定规程 V.R. of Blood Gas Acid - Base Analyser	

现行规程号	规程名称	被代替规程号
JJG 555—1996[①]	非自动秤通用检定规程 General Verification Regulation for Nonautomatic Weighing Instrument	
JJG 556—2011	轴向加力疲劳试验机检定规程 V.R. of Axial Force Fatigue Testing Machines	JJG 556—1988
JJG 557—2011	标准扭矩仪检定规程 V.R. of Standard Torque-meters	JJG 557—1988
JJG 558—2006	饮用量器检定规程 V.R. of Measure for Drinking	JJG 558—1988
JJG 559—1988	车速里程表试行检定规程 V.R. of Speed and Mileage Metre for Cars	
JJG 561—2016	近区电场测试仪检定规程 V.R. of Near - Zone Electric- field Measuring Instruments	JJG 561—1988
JJG 562—1988	DCHY - 801 型近区电场测量仪试行检定规程 V.R. of Model DCHY - 801 Near - Zone Electric - Field Measuring Instruments	

①该规程部分内容被 JJF 1336—2012 和 JJF 1355—2012 代替。

现行规程号	规 程 名 称	被代替规程号
JJG 563—2004	高压电容电桥检定规程 V.R. of High Voltage Capacitance Bridges	JJG 563—1988
JJG 564—2019	重力式自动装料衡器检定规程 V.R. of Automatic Gravimetric Filling Instruments	JJG 564—2002
JJG 566—2010	电机线圈游标卡尺检定规程 V.R. of Vermier Caliper for Coil of Generator	JJG 566—1996
JJG 567—2012	轨道衡检衡车检定规程 V.R. of Test Vehicle for Rail-weighbridges	JJG 567—1989
JJG 569—2014	最大需量电能表检定规程 V.R. of Electricity Meters with Maximun Demand Measurement Functions	JJG 569—1988
JJG 570—2006	电容式测微仪检定规程 V.R. of Capacitance Comparator	JJG 570—1988
JJG 571—2004	读数、测量显微镜检定规程 V.R. of Reading Microscope and Measuring Microscope	JJG 571—1988 JJG 904—1996
JJG 572—1988	带电动 PID 调节电子自动平衡记录仪检定规程 V.R. of the Electronic - Automatic Balanced Recorder with PID - Action	

现行规程号	规 程 名 称	被代替规程号
JJG 574—2004	压陷式眼压计检定规程 V.R. of Impression Tonometers	JJG 574—1988
JJG 575—1994*	锗γ谱仪体源活度测量装置检定规程 V.R. of Ge-γ-ray Spectrometer for Activity Measurement Device of Voluminous Source	
JJG 577—2012	膜式燃气表检定规程 V.R. of Diaphragm Gas Meters	JJG 577—2005 正文部分
JJG 579—2010	验光镜片箱检定规程 V.R. of Trial Case Lenses	JJG 579—1998
JJG 580—2005*	焦度计检定规程 V.R. of Focimeters	JJG 580—1996
JJG 581—2016	医用激光源检定规程 V.R. of Lasers for Medicine	JJG 581—1999
JJG 583—2010	杯突试验机检定规程 V.R. of Cupping Testing Machine	JJG 583—1988
JJG 584—1989	售粮专用秤试行检定规程 V.R. of Cales for Selling Grain	
JJG 586—2006	皂膜流量计检定规程 V.R. of Soap Film Flow Meter	JJG 586—1989
JJG 587—2016	浮子式验潮仪检定规程 V.R. of Float-type Tide Gauge	JJG 587—1997

现行规程号	规 程 名 称	被代替规程号
JJG 588—2018	冲击峰值电压表检定规程 V.R. of Impulse Peak Voltmeters	JJG 588—1996
JJG 589—2008①	医用电子加速器辐射源检定规程 V.R. of Medical Accelerator Radiation Source	JJG 589—2001
JJG 591—1989	γ射线辐射源(辐射加工用)检定规程 V.R. of γ - Ray Radiation Source (for Radiation Processing)	
JJG 593—2016	个人与环境监测用X、γ辐射热释光剂量测量系统检定规程 V.R. of Thermoluminescence Dosimetry Systems Used in Personal and Environmental Monitoring for X and γ Radiation	JJG 593—2006
JJG 594—1989	袖珍式橡胶国际硬度计检定规程 V.R. for Pocket Hardness Meter of International Rubber Hardness Degree	
JJG 595—2002	测色色差计检定规程 V.R. of Colorimeters and Colour Difference Meters	JJG 595—1989
JJG 596—2012	电子式交流电能表检定规程 V.R. of Electrical Meters for Measuring Alternating-current Electrical Energy	JJG 596—1999 安装式电能表部分

①该规程部分内容被JJG 1085—2013代替。

现行规程号	规 程 名 称	被代替规程号
JJG 597—2005	交流电能表检定装置检定规程 V.R. of Verification Equipment for AC Electrical Energy Meters	JJG 597—1989
JJG 599—1989	低失真信号发生器检定规程 V.R. of Low Distortion Oscillator	
JJG 600—1989	存贮示波器检定规程 V.R. of Storage Oscilloscope	
JJG 601—2003	时间检定仪检定规程 V.R. of Time Interval Generators	JJG 601—1989
JJG 602—2014	低频信号发生器检定规程 V.R. of Low-frequency Signal Generators	JJG 602—1996 JJG 64—1990 JJG 230—1980
JJG 603—2018	频率表检定规程 V.R. of Frequency Meters	JJG 603—2006
JJG 607—2003	声频信号发生器检定规程 V.R. of Audio - Frequency Signal Generators	JJG 607—1989
JJG 608—2014	悬臂梁式冲击试验机检定规程 V.R. of Cantilever - Beam (Izod - Type) Impact Testing Machine	JJG 608—1989

现行规程号	规 程 名 称	被代替规程号
JJG 610—2013	A型巴氏硬度计检定规程 V.R. of Type A Barcol Hardness Testers	JJG 610—1989
JJG 611—1989	RR3A型干扰场强测量仪检定规程 V.R. of Model RR3A Interference and Field Strength Measuring Instrument	
JJG 612—1989	虹吸式雨量计检定规程 V.R. of Siphon Rainfall Recorder	
JJG 613—1989	电接风向风速仪检定规程 V.R. of Contact Anemorumbometer	
JJG 614—2004	二等标准水银气压表检定规程 V.R. of Secondary Standard Mercury Barometer	JJG 614—1989
JJG 615—2006	售油器检定规程 V.R. of Retail Appliance for Vegetable Oil	JJG 615—1989
JJG 617—1996	数字温度指示调节仪检定规程 V.R. of Digital Temperature Indicators and Controllers	JJG 617—1989
JJG 619—2005	p.V.T.t法气体流量标准装置检定规程 V.R. of Gas Flow Calibration Facility to p.V.T.t	JJG 619—1989

现行规程号	规 程 名 称	被代替规程号
JJG 620—2008	临界流文丘里喷嘴检定规程 V.R. of Critical Flow Venturi Nozzle	JJG 620—1994
JJG 621—2012	液压千斤顶检定规程 V.R. of Hydraulic Jacks	JJG 621—2005
JJG 622—1997*	绝缘电阻表(兆欧表)检定规程 V.R. of Megohm - meter	JJG 622—1989
JJG 623—2005	电阻应变仪检定规程 V.R. of Resistance Strain Gauge Indicators	JJG 623—1989
JJG 624—2005	动态压力传感器检定规程 V.R. of Dynamic Transducers	JJG 623—1989
JJG 625—2001	阿贝折射仪检定规程 V.R. of Abbe Refractometer	JJG 625—1989
JJG 626—2003	球轴承轴向游隙测量仪检定规程 V.R. of Measuring Instrument for Axial Clearance of Ball Bearing	JJG 626—1989
JJG 628—2019	SLC9 型直读式海流计检定规程 V.R. of Model SLC9 Direct Reading Sea Current Meters	JJG 628—1989
JJG 629—2014	多晶 X 射线衍射仪检定规程 V.R. of Polycrystalline X - Ray Diffractometers	JJG 629—1989

现行规程号	规 程 名 称	被代替规程号
JJG 630—2007	火焰光度计检定规程 V.R. of Flame Photometer	JJG 630—1989
JJG 631—2013	氨氮自动监测仪检定规程 V.R. for Ammonia-Nitrogen Automatic Analyzers	JJG 631—2004
JJG 632—1989 2005年确认有效	动态力传感器检定规程 V.R. of Dynamic Force Sensors	
JJG 633—2005	气体容积式流量计检定规程 V.R. of Gas Displacement Meters	JJG 633—1990
JJG 635—2011	一氧化碳、二氧化碳红外气体分析器检定规程 V.R. of Carbon Monooxide and Carbon Diaxide Infrared Gas Analyzer	JJG 635—1999
JJG 637—2006	高频标准振动台检定规程 V.R. of High Frequency Standard Vibrator	JJG 637—1990
JJG 638—2015	液压式振动试验系统检定规程 V.R. of Hydraulic Vibration Testing System	JJG 638—1990
JJG 639—1998 2005年确认有效	医用超声诊断仪超声源检定规程 V.R. of Ultrasonic Source for Medical Ultrasonic Diagnostic Equipment	JJG 639—1990
JJG 640—2016	差压式流量计检定规程 V.R. of Differential Pressure Flowmeters	JJG 640—1994

现行规程号	规 程 名 称	被代替规程号
JJG 641—2006	液化石油气汽车槽车容量检定规程 V.R. of Liquefied Petroleum Gas Tank Car Capacity	JJG 641—1990
JJG 642—2007	球形金属罐容量检定规程 V.R. of Spherical Metal Tank Capacity	JJG 642—1990
JJG 643—2003	标准表法流量标准装置检定规程 V.R. of Flow Standard Facilities by Master Meter Method	JJG 643—1994 JJG 267—1996
JJG 644—2003	振动位移传感器检定规程 V.R. of Vibration Displacement Transducer	JJG 644—1990
JJG 645—1990	三型钢轨探伤仪检定规程 V.R. of Ⅲ - mode Ultrasonic Flaw Detector for Rail	
JJG 646—2006	移液器检定规程 V.R. of Locomotive Pipette	JJG 646—1990
JJG 647—1990	罐和桶试行检定规程 V.R. of Tanks and Barrels	
JJG 648—2017	非连续累计自动衡器(累计料斗秤)检定规程 V.R. of Discontinuous Totalizing Automatic Weighing Instruments (Totalizing Hopper Weighers)	JJG 648—1996 检定部分

现行规程号	规 程 名 称	被代替规程号
JJG 649—2016	数字称重显示器(称重指示器)检定规程 V.R. of Digital Weighing Indicators (Weighing Indicators)	JJG 649—1990
JJG 652—2012	旋转纯弯曲疲劳试验机检定规程 V.R. of Rotating Pure Bending Fatigue Testing Machines	JJG 652—1990
JJG 653—2003	测功装置检定规程 V.R. of Equipment of Power Measuring	JJG 653—1990 JJG 865—1994
JJG 655—1990 2005年确认有效	噪声剂量计检定规程 V.R. of Noise Dosimeters	
JJG 656—2013	硝酸盐氮自动监测仪检定规程 V.R. of Nitrate-Nitrogen Automatic Analyzers	JJG 656—1990
JJG 657—2019	呼出气体酒精含量检测仪检定规程 V.R. of Breath Alcohol Analyzers	JJG 657—2006
JJG 658—2010	烘干法水分测定仪检定规程 V.R. of Thermogravimetric Moisture Meters	JJG 658—1990
JJG 660—2006	图形面积量算仪检定规程 V.R. of Patten Area Measuring Instruments	JJG 660—1990

现行规程号	规 程 名 称	被代替规程号
JJG 661—2004	平面等倾干涉仪检定规程 V.R. of Flatness Interferometer with Isoclinic Circle fringe	JJG 661—1990
JJG 662—2005	顺磁式氧分析器检定规程 V.R. of Paramagnetic Oxygen Analyzers	JJG 662—1990
JJG 663—1990	热导式氢分析器检定规程 V.R. of Thermal Conductivity Hydrogen Analyzer	
JJG 665—2004	毫瓦级超声功率计检定规程 V.R. of Ultrasonic Power Meter for Milliwatt Level	JJG 665—1990
JJG 666—1990	定负荷橡胶国际硬度计检定规程 V.R. of Dead - Load Hardness Testing Machine in International Rubber Hardness Degree	
JJG 667—2010	液体容积式流量计检定规程 V.R. of Liquid Positive Displacement Flow Meter	JJG 667—1997
JJG 668—1997	工作用铂铑10-铂/铂铑13-铂短型热电偶检定规程 V.R. of the Working Platinum - 10% Rhodium Platinum and Platinum - 13% Rhodium Thermocouple with Short Length	

现行规程号	规 程 名 称	被代替规程号
JJG 669—2003	称重传感器检定规程 V.R. of Load Cell	JJG 669—1990
JJG 670—1990	柔性周径尺检定规程 V.R. of Tape for Measuring Circumference and Diameter of Flexible Part	
JJG 672—2018	氧弹热量计检定规程 V.R. of Bomb Calorimeters	JJG 672—2001
JJG 674—1990 2005年确认有效	标准海水检定规程 V.R. of Standard Sea Water	
JJG 676—2019	测振仪检定规程 V.R. of Vibration Meters	JJG 676—2000
JJG 677—2006	光干涉式甲烷测定器检定规程 V.R. of Interference Type Methane Measuring Device	JJG 677—1996
JJG 678—2007	催化燃烧式甲烷测定器检定规程 V.R. of Catelysis Combustion Type Methane Measuring Device	JJG 678—1996
JJG 680—2007	烟尘采样器检定规程 V.R. of Samplers for Stack Dust	JJG 680—1990
JJG 681—1990 2005年确认有效	色散型红外分光光度计检定规程 V.R. of Dispersive Infrared Spectrophotometers	

现行规程号	规 程 名 称	被代替规程号
JJG 683—1990	气压高度表检定规程 V.R. of Barometric Altimeter	
JJG 684—2003	表面铂热电阻检定规程 V.R. of Surface platinum Resistance Thermometer	JJG 684—1990
JJG 686—2015	热水水表检定规程 V.R. of Hot Water Meters	JJG 686—2006 正文部分
JJG 687—2008	液态物料定量灌装机检定规程 V.R. of Quantitative Filling Machine for Liquid State Material	JJG 687—1990
JJG 688—2017	汽车排放气体测试仪检定规程 V.R. of Vehicle Exhaust Emissions Measuring Instruments	JJG 688—2007
JJG 690—2003	高绝缘电阻测量仪(高阻计)检定规程 V.R. of High Insulation Resistance Meters	JJG 690—1990
JJG 691—2014	多费率交流电能表检定规程 V.R.of Multi-Rate Electricity Meters for Measuring Alternating-current Electrical Energy	JJG 691—1990
JJG 692—2010	无创自动测量血压计检定规程 V.R. of Non-invasive Automated Sphygmomanometers	JJG 692—1999

现行规程号	规 程 名 称	被代替规程号
JJG 693—2011	可燃气体检测报警器检定规程 V.R. of the Alarmer Detectors of Combustible Gas	JJG 693—2004 JJG 940—1998
JJG 694—2009	原子吸收分光光度计检定规程 V.R. of Atomic Absorption Spectrophotometers	JJG 694—1990
JJG 695—2019	硫化氢气体检测仪检定规程 V.R. of Sulfur Hydrogen Gas Detectors	JJG 695—2003
JJG 696—2015	镜向光泽度计和光泽度板检定规程 V.R. of Specular Gloss Meters and Gloss Plates	JJG 696—2002
JJG 700—2016	气相色谱仪检定规程 V.R. of Gas Chromatographs	JJG 700—1999
JJG 701—2008	熔点测定仪检定规程 V.R. of Melting - Point Measurement Instruments	JJG 701—1990 JJG 463—1996
JJG 702—2005	船舶液货计量舱容量检定规程 V.R. of Ship's Liquid Cargo Tank Capacity	JJG 702—1990
JJG 703—2003	光电测距仪检定规程 V.R. of Electro - optical Distance Meters	JJG 703—1990

现行规程号	规 程 名 称	被代替规程号
JJG 704—2005	焊接检验尺检定规程 V.R. of Callipers for Welding Inspection	JJG 704—1990
JJG 705—2014	液相色谱仪检定规程 V.R. of Liquid Chromatographs	JJG 705—2002
JJG 707—2014	扭矩扳子检定规程 V.R. of Torque Wrenches	JJG 707—2003
JJG 708—1990	度盘轨道衡试行检定规程 V.R. of a Dial Railway Track Scale	
JJG 711—1990	明渠堰槽流量计试行检定规程 V.R. of Weirs and Flumes for Flow Measurement	
JJG 714—2012	血细胞分析仪检定规程 V.R. of Blood Cell Analyzers	JJG 714—1990
JJG 715—1991	水质综合分析仪检定规程 V.R. for Water Quality Synthetical Analyse Instrument	
JJG 717—1991	标准辐射感温器检定规程 V.R. of the Standard Total Radiation Pyrometer	
JJG 719—1991	直流电动势工作基准检定规程 V.R. for Working Standard of Direct - Current Electromotive Force	

现行规程号	规 程 名 称	被代替规程号
JJG 720—1991	宽频带频率稳定度时域测量装置检定规程 V.R. of Wide Band Frequency Stability Measurement Set in Time Domain	
JJG 721—2010	相位噪声测量系统检定规程 V.R. of Phase Noise Measurement System	JJG 721—1991
JJG 722—2018	标准数字时钟检定规程 V.R. of Standard Digital Clocks	JJG 722—1991
JJG 723—2008	时间间隔发生器检定规程 V.R. of Time Interval Generator	JJG 723—1991 JJG 803—1993
JJG 725—1991	晶体管直流和低频参数测试仪检定规程 V.R. of DC and LF Characterization Tester for Transister	
JJG 726—2017	标准电感器检定规程 V.R. of Standard Inductors	JJG 726—1991
JJG 728—1991	一等标准膨胀法真空装置检定规程 V.R. of Expansion Vacuum Apparatus(Grade Ⅰ)	
JJG 729—1991	二等标准动态相对法真空装置检定规程 V.R. of Dynamic Relative Vacuum Apparatus(Grade Ⅱ)	

现行规程号	规程名称	被代替规程号
JJG 733—1991	总光通量工作基准灯检定规程 V.R. of Working Standard Lamps for Total Luminous Flux	
JJG 734—2001①	力标准机检定规程 V.R. of Force Standard Machines	JJG 734—1991 JJG 295—1989 JJG 296—1987 JJG 753—1991
JJG 735—1991	γ射线水吸收剂量标准剂量计(辐射加工级)检定规程 V.R. of the Standard Dosimeter of Water Absorbed Dose for γ-Rays (Radiation Processing Level)	
JJG 736—2012	气体层流流量传感器检定规程 V.R. of Gas Laminar Flow Transducers	JJG 736—1991
JJG 737—1997	0Hz～30MHz可变衰减器检定规程 V.R. of 0Hz～30MHz Variable Attenuator	
JJG 738—2005	出租汽车计价器标准装置检定规程 V.R. of Standard Equipment for Taximeter	JJG 738—1991
JJG 739—2005	激光干涉仪检定规程 V.R. of Laser Interferometers	JJG 739—1991

①该规程部分内容被JJG 1116—2015和JJG 1117—2015代替。

现行规程号	规 程 名 称	被代替规程号
JJG 740—2005	研磨面平尺检定规程 V. R. of Milling Straight Edges	JJG 740—1991
JJG 741—2005	标准钢卷尺检定规程 V. R. of Standard Steel Tapes	JJG 741—1991
JJG 742—1991 2005年确认有效	恩氏粘度计检定规程 V. R. of Engler Viscosimeter	
JJG 743—2018	流出杯式黏度计检定规程 V. R. of Flow Cup Viscometers	JJG 743—1991
JJG 744—2004	医用诊断X射线辐射源检定规程 V. R. of Medical Diagnostic X - ray Radiation Source	JJG 744—1997
JJG 745—2016	机动车前照灯检测仪检定规程 V. R. of Headlamp Testers for Motor Vehicle	JJG 745—2002
JJG 746—2004	超声探伤仪检定规程 V. R.for Ultrasonic Flaw Detector	JJG 746—1991
JJG 747—1999	里氏硬度计检定规程 V. R. of Leeb Hardness Tester	JJG 747—1991
JJG 748—2007	示波极谱仪检定规程 V. R. of Oscilloscopic Polarograph	JJG 748—1991
JJG 749—2007	心、脑电图机检定仪检定规程 V. R. of Verification Instrument for Electrocardiograph and Electroen-ceph - alograph	JJG 749—1997

现行规程号	规 程 名 称	被代替规程号
JJG 750—1991	装入机动车辆后的车速里程表试行检定规程 V.R. of Speedrand Milage Meter for Non - disintegrated Cars	
JJG 751—1991	4πγ电离室活度标准装置检定规程 V.R. of Activity Standard Device for 4πγ Ionization Chamber	
JJG 752—1991	锗γ谱仪活度标准装置检定规程 V.R. of Activity Standard Device for Ge - γ - ray Spectrometer	
JJG 754—2005	光学传递函数测量装置检定规程 V.R. of Measuring Equipment for Optical Transfer Function	JJG 754—1991
JJG 755—2015	紫外辐射照度工作基准装置检定规程 V.R. of Ultraviolet Irradiance Working Standard Apparatus	JJG 755—1991
JJG 756—1991	光楔密度工作基准装置检定规程 V.R. of Working Standard Equipment for Optical Wedge Density	
JJG 757—2018	实验室离子计检定规程 V.R. of Laboratory Ion Meters	JJG 757—2007
JJG 758—1991	罗维朋比色计检定规程 V.R. of Lovibond Comparable Colorimeter	

现行规程号	规 程 名 称	被代替规程号
JJG 759—1997	静压法油罐计量装置检定规程 V.R. of Hydrostatic Tank Gauging	
JJG 760—2003	心电监护仪检定规程 V.R. of Electro Cardiac Monitors	JJG 760—1991
JJG 761—2016	电极式盐度计检定规程 V.R. of Electrode Salinometer	JJG 761—1991
JJG 762—2007	引伸计检定规程 V.R. of Extensometers	JJG 762—1992
JJG 763—2019	温盐深测量仪检定规程 V.R. of CTD Measuring Instruments	JJG 763—2002
JJG 764—1992	立式激光测长仪检定规程 V.R. of Vertical Laser Metroscope	
JJG 765—1992	平面标准器检定规程 V.R. of Flatness Standard	
JJG 766—1992	角位移传动链误差检查仪检定规程 V.R. of Angular Displacement Transmission Chain Error Tester	
JJG 767—1992	0.05～1mm 薄量块检定规程 V.R. of Thin Gauge Block for Length from 0.05 up to 1mm	
JJG 768—2005	发射光谱仪检定规程 V.R. of Emission Spectrometer	JJG 768—1994

现行规程号	规 程 名 称	被代替规程号
JJG 769—2009	扭矩标准机检定规程 V.R. of Torque Standard Machines	JJG 769—1992
JJG 771—2010	机动车雷达测速仪检定装置检定规程 V.R. of Test Equipment for Vehicle Speed Radar Measurement Meters	JJG 771—1992
JJG 772—1992	电子束辐射源(辐射加工用)检定规程 V.R. of Electron Beam Radiation Source (for Radiation Processing)	
JJG 773—2013	医用γ射线后装近距离治疗辐射源检定规程 V.R. of Medical Radiation Source for γ-ray Afterloading Brachytherapy	JJG 773—1992
JJG 775—1992	γ射线辐射加工工作剂量计检定规程 V.R. of Working Dosimeter for γ-Ray Radiation Processing	
JJG 776—2014	微波辐射与泄漏测量仪检定规程 V.R. of Microwave Radiation and Leakage Energy Measuring Instruments	JJG 776—1992
JJG 778—2019	噪声统计分析仪检定规程 V.R. of Noise Level Statistical Analyzers	JJG 778—2005

现行规程号	规 程 名 称	被代替规程号
JJG 779—2004	车速里程表标准装置检定规程 V.R. of Speed and Milege Meter for Standard Equipment	JJG 779—1992
JJG 780—1992	交流数字功率表检定规程 V.R. for AC Digital Powermeter	
JJG 781—2019	数字指示轨道衡检定规程 V.R. of Digital Indicating Rail-Weighbridges	JJG 781—2002
JJG 782—1992	低频电子电压表检定规程 V.R. of LF Electronic Voltmeter	
JJG 784—2011	深沟球轴承跳动测量仪检定规程 V.R. of Deep Groove Ball Bearing Bounce Measuring Instrument	JJG 784—1992
JJG 785—2009	深沟球轴承套圈滚道直径、位置测量仪检定规程 V.R. of Deep Groove Ball Bearing Ring Raceway Diameter and Position Measuring Instrument	JJG 785—1992
JJG 786—1992	组合式形状测量仪检定规程 V.R. of Combined Appearance Measuring Instrument	
JJG 790—2005	实验室标准传声器(耦合腔互易法)检定规程 V.R. of Laboratory Standard Microphones(Coupler Reciprocity Method)	JJG 790—1992

现行规程号	规程名称	被代替规程号
JJG 791—2006	冲击力法冲击加速度标准装置检定规程 V.R. of Calibration Set of Shock Acceleration by Impact Force	JJG 791—1992
JJG 793—1992	标准漏孔检定规程 V.R. of Standard Leak	
JJG 794—1992	风量标准装置检定规程 V.R. of Standard Facility for Air Delivery	
JJG 795—2016	耐电压测试仪检定规程 V.R. of Withstanding Voltage Testers	JJG 795—2004
JJG 797—2013	扭矩扳子检定仪检定规程 V.R. of Calibration Instrument for Torque Wrenchs	JJG 797—1992
JJG 798—2017	骨振器测量用力耦合器检定规程 V.R. of Mechanical Couplers for Measurement of Bone Vibrators	JJG 798—1992
JJG 800—1993 2005年确认有效	电位溶出分析仪检定规程 V.R. of Potential Stripping Analyzer	
JJG 801—2004	化学发光法氮氧化物分析仪检定规程 V.R. of Chemiluminescent NO/NO_x Analyzer	JJG 801—1993

现行规程号	规 程 名 称	被代替规程号
JJG 802—2019	失真度仪校准器检定规程 V.R. of Distortion Meter Calibrators	JJG 802—1993
JJG 805—1993 2005年确认有效	滑轮式预加张力检具检定规程 V.R. of Preteusioned Examining Tool with Pulley	
JJG 806—1993	医用超声治疗机超声源检定规程 V.R. of the Ultrasonic Source of Ultrasonic Therapeutic Equipment for Medical Use	
JJG 807—1993	利用放射源的测量仪表检定规程 V.R. of Measuring Instruments Utilizing Radioactive Sources	
JJG 808—2014	标准测力杠杆检定规程 V.R. of Standard Lever for Measuring Force	JJG 808—1993
JJG 809—1993	数字式石英晶体测温仪检定规程 V.R. of Digital Temperature Indicators with Quartz Crystal Sensors	
JJG 810—1993	波长色散X射线荧光光谱仪检定规程 V.R. for Wavelength Dispersive X-Ray Fluorescence Spectrometers	
JJG 811—1993	核子皮带秤检定规程 V.R. of Nuclear Conveyor Belt Scales	

现行规程号	规 程 名 称	被代替规程号
JJG 812—1993	干涉滤光片检定规程 V.R. of Interference Filter	
JJG 813—2013	光纤光功率计检定规程 V.R. of Fiber Optical Power Meters	JJG 813—1993
JJG 814—2015	自动电位滴定仪检定规程 V.R. of Automatic Potentiometric Titrators	JJG 814—1993
JJG 815—2018	采血电子秤检定规程 V.R. of Taking Blood Electronic Scales	JJG 815—1993
JJG 817—2011*	回弹仪检定规程 V.R. of Rebound Test Hammer	JJG 817—1993
JJG 818—2018	磁性、电涡流式覆层厚度测量仪检定规程 V.R. of Magnetic and Eddy Current Measuring Instrument for Coating Thickness	JJG 818—2005
JJG 819—1993	轴承套圈厚度变动量检查仪检定规程 V.R. of Instrument for Measuring Thickness Variation of Bearing Ring	
JJG 820—1993 2005年确认有效	手持糖量(含量)计及手持折射仪检定规程 V.R. of Hand Saccharimeter (Content-meter) and Hand Refractometer	

现行规程号	规 程 名 称	被代替规程号
JJG 821—2005	总有机碳分析仪检定规程 V.R. of Total Organic Carbon Analyzer	JJG 821—1993
JJG 823—2014	离子色谱仪检定规程 V.R.for Ion Chromatographs	JJG 823—1993
JJG 824—1993	生物化学需氧量(BOD_5)测定仪检定规程 V.R. of Biochemical Oxygen Demand after 5 days (BOD_5) Analyzer	
JJG 825—2013	测氡仪检定规程 V.R. of the Radon Measuring Instruments	JJG 825—1993
JJG 826—1993 2005 年确认有效	二级标准分流式湿度发生器检定规程 V.R. of Secondary Standard Divided Flow Humidity Generator	
JJG 827—1993	分辨力板检定规程 V.R. of Resolution Target	
JJG 830—2007	深度指示表检定规程 V.R. of Depth Dial Gauge	JJG 830—1993
JJG 831—1993 2005 年确认有效	铸造用湿型表面硬度计试行检定规程 V.R. of Green sand Mould Surface Hardness Tester for Castings	

现行规程号	规 程 名 称	被代替规程号
JJG 832—1993	标准玻璃网格板检定规程 V.R. of Standard Grid Plate	
JJG 833—2007	标准组铂铑10-铂热电偶检定规程 V.R. of Standard Group Platinum-10% Rhodium/Platinum Thermocouples	JJG 833—1993
JJG 834—2006	动态信号分析仪检定规程 V.R. of Dynamic Signal Analyzer	JJG 834—1993
JJG 835—1993	速度-面积法流量装置检定规程 V.R. of Flowrate Facilities by Velocity- Area Method	
JJG 836—1993	感应同步器检定规程 V.R. of Linear Displacement Inductor	
JJG 837—2003	直流低电阻表检定规程 V.R. of DC Low Resistance Meters	JJG 837—1993
JJG 838—1993	晶体管特性图示仪校准仪检定规程 V.R. of Calibrator for Transister Specificity Oscilloscope	
JJG 840—2015	函数发生器检定规程 V.R. of Function Generators	JJG 840—1993

现行规程号	规 程 名 称	被代替规程号
JJG 841—2012	微波频率计数器检定规程 V.R. of Microwave Frequency Couters	JJG 841—1993
JJG 842—2017	电子式直流电能表检定规程 V.R. of Electronic Meters for Measuring Direct-current Electrical Energy	JJG 842—1993
JJG 843—2007	泄漏电流测试仪检定规程 V.R. of Leakage Current Meter	JJG 843—1993
JJG 844—1993 2005年确认有效	回潮率测定仪检定规程 V.R. of Regain Testing Machine	
JJG 845—2009	原棉水分测定仪检定规程 V.R. of Raw Cotton Moisture Tester	JJG 845—1993
JJG 846—2015	粉尘浓度测量仪检定规程 V.R. of Dust Concentration Measuring Instruments	JJG 846—1993
JJG 847—2011	滤纸式烟度计检定规程 V.R. of Filter-Type Smokemeters	JJG 847—1993
JJG 850—2005	光学角规检定规程 V.R. of Optical Angle Gauge	JJG 850—1993
JJG 851—1993	电子束辐射加工工作剂量计检定规程 V.R. of Working Dosimeters for Electron Beam Radiation Processing	

现行规程号	规 程 名 称	被代替规程号
JJG 852—2019	中子周围剂量当量(率)仪检定规程 V.R. of Neutron Ambient Dose Equivalent(Rate)Meters	JJG 852—2006
JJG 853—2013	低本底α、β测量仪检定规程 V.R. of the Low Background Alpha/Beta Measuring Instrument	JJG 853—1993
JJG 854—1993	低加速度长持续时间激光-多普勒冲击校准装置检定规程 V.R. of Shock Calibration System of Low Acceleration and Long Duration by Using Laser-Doppler Effect	
JJG 855—1994	数字式量热温度计检定规程 V.R. of Digital Calorimetric Thermometer	
JJG 856—2015	工作用辐射温度计检定规程 V.R. of Radiation Thermometers	JJG 856—1994 JJG 415—2001 JJG 67—2003
JJG 858—2013	标准铑铁电阻温度计检定规程 V.R. of Standard Rhodium-Iron Resistance Thermometers	JJG 858—1994

现行规程号	规 程 名 称	被代替规程号
JJG 860—2015	压力传感器(静态)检定规程 V.R. of Pressure Transducer (Static)	JJG 860—1994
JJG 861—2007	酶标分析仪检定规程 V.R. of ELISA Analytical Instruments	JJG 861—1994
JJG 862—1994	全差示分光光度计检定规程 V.R. of the Differential Spectrophotometer	
JJG 863—2005	V棱镜折射仪检定规程 V.R. of V-Prism Refractormeter	JJG 863—1994
JJG 864—1994	旋光标准石英管检定规程 V.R. of Quartz Control Plate	
JJG 866—2008	顶焦度标准镜片检定规程 V.R. of Standard Lenses of Vertex Power	JJG 866—1994
JJG 867—1994	光谱测色仪检定规程 V.R. of Spectrocolorimeter	
JJG 868—1994 2005年确认有效	毫瓦级标准超声源检定规程 V.R. of Standard Ultrasonic Sources for Milliwatt Level	

现行规程号	规 程 名 称	被代替规程号
JJG 869—2002	电话电声测试仪检定规程 V.R. of Electro-acoustical Measuring Instrument for Telephone Sets	JJG 869—1994
JJG 871—1994 2005年确认有效	远红外生丝水分检测机检定规程 V.R. of Far Infrared Conditioned Instrument for Inspecting Moisture of Raw Silk	
JJG 872—1994	磁通标准测量线圈检定规程 V.R. of Standard Measuring Coils of Magnetic Flux	
JJG 873—1994	直流高阻电桥检定规程 V.R. of DC High Resistance Bridge	
JJG 874—2007	温度指示控制仪检定规程 V.R. of Temperature Indication Controller	JJG 874—1994
JJG 875—2019	数字压力计检定规程 V.R. of Digital Pressure Gauges	JJG 875—2005
JJG 876—2019	船舶气象仪检定规程 V.R. of Ship Meteorological Instruments	JJG 876—1994
JJG 877—2011	蒸气压渗透仪检定规程 V.R. of Vapor Pressure Osmometers	JJG 877—1994

现行规程号	规 程 名 称	被代替规程号
JJG 878—1994 2005年确认有效	熔体流动速率仪检定规程 V.R. of Extrusion Plastometer	
JJG 879—2015	紫外辐射照度计检定规程 V.R. of Ultraviolet Radiometers	JJG 879—2002
JJG 880—2006	浊度计检定规程 V.R. of Turbidimeters	JJG 880—1994
JJG 881—1994	标准体温计检定规程 V.R. of Standard Clinical Thermometer	
JJG 882—2019	压力变送器检定规程 V.R. of Pressure Transmitters	JJG 882—2004
JJG 884—1994 2005年确认有效	塑料洛氏硬度计检定规程 V.R. of Plastic Rockwell Hardness Testing Machine	
JJG 885—2014	滚动轴承宽度测量仪检定规程 V.R. of Instruments for Measuring Rolling Bearing Width	JJG 885—1995
JJG 887—2014	圆锥滚子标准件测量仪检定规程 V.R. of Standard Tapered Roller Tester	JJG 887—1995

现行规程号	规 程 名 称	被代替规程号
JJG 890—1995	电容式条干均匀度仪检定规程 V.R. of Textile Yarn Evenness Tester-Capacitance Method	
JJG 891—2019	电容法和电阻法谷物水分测定仪检定规程 V.R. of Capacitive and Resistive Grain Moisture Testers	JJG 891—1995
JJG 892—2011	验光机检定规程 V.R. of Eye Refractometers	JJG 892—2005
JJG 893—2007	超声多普勒胎心仪超声源检定规程 V.R. of Ultrasonic Source of Ultrasonic Doppler Foetal Meters	JJG 893—1995
JJG 894—1995	标准环规检定规程 V.R. of Standard Ring Gauge	
JJG 895—1995	光纤折射率分布和几何参数测量仪(折射近场法)检定规程 V.R. of the Characterization System for the Refraction Index Profile and Geometric Parameters of Optical Fiber	

现行规程号	规 程 名 称	被代替规程号
JJG 896—1995	光纤损耗和模场直径测量仪检定规程 V.R. of the Characterization Systems for the Loss and Mode Field Diameter of Optical Fiber	
JJG 897—1995①	质量流量计检定规程 V.R. of Mass Flow Meters	
JJG 898—1995	微型橡胶国际硬度计检定规程 V.R. of Micro - Hardness Testing Machine in International Rubber Hardness Degree	
JJG 899—1995 2005年确认有效	石油低含水率分析仪检定规程 V.R. of Analyzer of Low Water Content in Petroleum	
JJG 901—1995 2005年确认有效	电子探针分析仪检定规程 V.R. of Electron Probe Microanalyzer	
JJG 902—1995	光透沉降粒度测定仪检定规程 V.R. of Patical Size Meter by Photo-sedimention	
JJG 903—1995	激光标准衰减器检定规程 V.R. of Standard Attenuators for Laser	
JJG 905—2010	刮板细度计检定规程 V.R. of Fineness of Grind Gage	JJG 905—1996

①该规程部分内容被 JJG 1038—2008 和 JJG 1132—2017 代替。

现行规程号	规 程 名 称	被代替规程号
JJG 906—2015	滚筒反力式制动检验台检定规程 V.R. of Roller Opposite Force Type Brake Testers	JJG 906—2009
JJG 907—2006	动态公路车辆自动衡器检定规程 V.R. of Automatic Instruments for Weighing Road Vehicles in Motion	JJG 907—2003
JJG 908—2009	汽车侧滑检验台检定规程 V.R. of Automobile Side Slipe Tester	JJG 908—1996
JJG 909—2009	滚筒式车速表检验台检定规程 V.R. of Roller Type Speedometer Tester	JJG 909—1996
JJG 910—2012	摩托车轮偏检测仪检定规程 V.R. of Motorcycle Wheel Deviation Testers	JJG 910—1996
JJG 911—1996	钢丝测力仪检定规程 V.R. of Dynamometers for Steel Wires	
JJG 912—2010	治疗水平电离室剂量计检定规程 V.R. of Ionization Chamber Dosimeters Used in Radiotherapy	JJG 912—1996
JJG 913—2015	浮标式氧气吸入器检定规程 V.R. of Buoy Type Oxygen Inhalers	JJG 913—1996

现行规程号	规程名称	被代替规程号
JJG 915—2008	一氧化碳检测报警器检定规程 V.R. of Carbon Monoxide Detectors	JJG 915—1996
JJG 916—1996	气敏色谱法微量氢测定仪检定规程 V.R. of Gas - Sensitive Chromatograph for Measuring Trace Hydrogen	
JJG 917—1996 2005年确认有效	棉花测色仪检定规程 V.R. of Cotton Colorimeter	
JJG 918—1996	水泥胶砂振动台检定规程 V.R. of Vibrator for Compacting Mortar Specimen	
JJG 919—2008	pH计检定仪检定规程 V.R. of Verificating Meter for pH Meters	JJG 919—1996
JJG 920—2017	漫透射视觉密度计检定规程 V.R. of Diffuse Transmission Visual Densitometers	JJG 920—1996
JJG 921—1996	公害噪声振动计检定规程 V.R. of Noise - Vibration Meter for Measuring Environmental Pollution	
JJG 922—2008	验光仪顶焦度标准器检定规程 V.R. of the Standard Devices of Vertex Power for Eye Refractometers	JJG 922—1996
JJG 923—2009	啤酒色度仪检定规程 V.R. of Beer Colorimeters	JJG 923—1996

现行规程号	规 程 名 称	被代替规程号
JJG 924—2010	转矩转速测量装置检定规程 V.R. of Tacho - Torque Measuring Device	JJG 924—1996
JJG 925—2005	净全辐射表检定规程 V.R. of Net Pyrradiometers	JJG 925—1997
JJG 926—2015	记录式压力表、压力真空表和真空表检定规程 V.R. of Record Pressure Gauges, Pressure Vacuum Gauges and Vacuum Gauges	JJG 926—1997
JJG 927—2013	轮胎压力表检定规程 V.R. of Tyre Pressure Gauges	JJG 927—1997
JJG 928—1998	超声波测距仪检定规程 V.R. of Utrasonic Ranger	
JJG 930—1998	基桩动态测量仪检定规程 V.R. of Pile Dynamic Measuring Instrument	
JJG 931—1998	冲击试验机摆锤力矩测量仪检定规程 V.R. of Instruments for Measuring Monent of Pendulum of Impact Tester	
JJG 932—1998	压阻真空计检定规程 V.R. of Piezoresistive Vacuum Gauge	
JJG 933—1998	γ射线探伤机检定规程 V.R. of Apparatus for Gamma Radiography	JJG 582—1988

现行规程号	规 程 名 称	被代替规程号
JJG 934—1998	γ射线料位计检定规程 V.R. of Gamma Ray Level Meter	
JJG 935—1998	γ射线厚度计检定规程 V.R. of γ-Ray Thickness Gauge	
JJG 936—2012	示差扫描热量计检定规程 V.R. of the Differential Scanning Calorimeters	JJG 936—1998
JJG 937—1998	色谱检定仪检定规程 V.R. of Verificating Meter for Chromatograph	
JJG 938—2012	刀具预调测量仪检定规程 V.R. of Tool Presetting and Measuring Instruments	JJG 938—1998
JJG 939—2009	原子荧光光度计检定规程 V.R. for Atomic Fluorescence Spectrophotometers	JJG 939—1998
JJG 941—2009	荧光亮度检定仪检定规程 V.R. of Fluorescent Luminance Meter	JJG 941—1998
JJG 942—2010	浮球式压力计检定规程 V.R. of Ball Pneumatic Dead Weight Testers	JJG 942—1998
JJG 943—2011	总悬浮颗粒物采样器检定规程 V.R. of Total Suspended Particulates Sampler	JJG 943—1998

现行规程号	规 程 名 称	被代替规程号
JJG 944—2013	金属韦氏硬度计检定规程 V.R. of Metallic Webster Hardness Testing Machines	JJG 944—1999
JJG 945—2010	微量氧分析仪检定规程 V.R. of Micro Oxygen Analyzers	JJG 945—1999
JJG 946—1999	压力验潮仪检定规程 V.R. of Pressure Tide Gauge	
JJG 947—1999	声学验潮仪检定规程 V.R. of Acoustic Tide Gauge	
JJG 948—2018	电动振动试验系统检定规程 V.R. of Electrodynamic Vibration Testing Systems	JJG 948—1999 JJG 190—1997
JJG 949—2011	经纬仪检定装置检定规程 V.R. of Theodolite Verification Devices	JJG 949—2000
JJG 950—2012	水中油分浓度分析仪检定规程 V.R. of Analyzers for Oil Content in Water	JJG 950—2000
JJG 951—2000	模拟式温度指示调节仪检定规程 V.R. of Analogue Temperature Indicators and Controllers	

现行规程号	规 程 名 称	被代替规程号
JJG 952—2014	瞳距仪检定规程 V.R. of Pupil Distance Meters	JJG 952—2000
JJG 954—2019	数字脑电图仪检定规程 V.R. of Digital Electroencephalographs	JJG 954—2000
JJG 955—2000	光谱分析用测微密度计检定规程 V.R. of Special Analysis Microdensitimeters	
JJG 956—2013	大气采样器检定规程 V.R. of Air Samplers	JJG 956—2000
JJG 957—2015	逻辑分析仪检定规程 V.R. of Logic Analyzers	JJG 957—2000
JJG 958—2000	光传输用稳定光源检定规程 V.R. of Stabilized Laser Sources for Optical Transmit	
JJG 959—2001	光时域反射计 OTDR 检定规程 V.R. of Optical Time Domain Reflectometer	
JJG 960—2012	水准仪检定装置检定规程 V.R. of Level Verification System	JJG 960—2001

现行规程号	规 程 名 称	被代替规程号
JJG 961—2017	医用诊断螺旋计算机断层摄影装置(CT)X射线辐射源检定规程 V.R. of Medical Diagnostic X-ray Radiation Source for Spiral Computed Tomography (CT)	JJG 961—2001 JJG 1026—2007
JJG 962—2010	X、γ辐射个人剂量当量率报警仪检定规程 V.R. of Personal Dose Equivalent Rate Warning Devices for X and γ Radiation	JJG 962—2001
JJG 963—2001	通信用光波长计检定规程 V.R. of Optical Wavelength Counters in Telecommunication	
JJG 964—2001	毛细管电泳仪检定规程 V.R. of Capillary Electrophoresis Instrument	
JJG 965—2013	通信用光功率计检定规程 V.R. of Optical Power Meters in Telecommunication	JJG 965—2001
JJG 966—2010	手持式激光测距仪检定规程 V.R. of Hand-held Laser Distance Meters	JJG 966—2001
JJG 967—2015	机动车前照灯检测仪校准器检定规程 V.R. of Calibrators for Headlamp Tester of Motor Vehicle	JJG 967—2001

现行规程号	规 程 名 称	被代替规程号
JJG 968—2002	烟气分析仪检定规程 V. R. of Flue Gas Analyzers	
JJG 969—2002	γ放射免疫计数器检定规程 V. R. of Gamma Radioimmunoassay Counters	
JJG 970—2002	变压比电桥检定规程 V. R. of Transformers Turn Ratio Test Sets	
JJG 971—2019	液位计检定规程 V. R. of Liquid Level Gauges	JJG 971—2002
JJG 972—2002	离心式恒加速度试验机检定规程 V. R. of Constant Acceleration Centrifugal Test Machines	
JJG 973—2002	冲击测量仪检定规程 V. R. of Measuring Instruments for Shock	
JJG 974—2002	水泥软练设备测量仪检定规程 V. R. of Measuring Instruments for Cement Bright Degumming Equipment	
JJG 975—2002	化学需氧量(COD)测定仪检定规程 V. R. of Chemical Oxygen Demand (COD) Meters	

现行规程号	规 程 名 称	被代替规程号
JJG 976—2010	透射式烟度计检定规程 V.R. of Opacimeters	JJG 976—2002
JJG 977—2003	IC 卡公用电话计时计费装置检定规程 V.R. of Timing and Charging Device for IC Card Public Telephone	
JJG 979—2003	条码检测仪检定规程 V.R. of Bar Code Verifiers	
JJG 980—2003	个人声暴露计检定规程 V.R. of Personal Sound Exposure Meters	
JJG 981—2014	阿贝折射仪标准块检定规程 V.R. of Standard Blocks for Abbe Refractometers	JJG 981—2003
JJG 982—2003	直流电阻箱检定规程 V.R. of D.C.Resistance Box	JJG 166—1993 直流电阻箱部分
JJG 983—2003	单机型和集中管理分散型电话计费器检定仪检定规程 V.R. of Verifying Instrument for Single and Dispersion Controlled Centrally Telephone Accounter	
JJG 984—2004	接地导通电阻测试仪检定规程 V.R. of Earth-Continuity Testers	

现行规程号	规 程 名 称	被代替规程号
JJG 985—2004	高温铂电阻温度计工作基准装置检定规程 V.R. of Reference Standard Facility of High Temperature Platinum Resistance Thermometers	
JJG 986—2004	木材含水率测量仪检定规程 V.R. of Wood Moisture Content Measuring Meters	
JJG 987—2004	线缆计米器检定规程 V.R. of Cable Length Meter	
JJG 988—2004	立式金属罐径向偏差测量仪检定规程 V.R. of Vertical Metal Tank Deviation Measuring Instrument	
JJG 990—2004	声波检测仪检定规程 V.R. of Acoustic Detector	
JJG 991—2017	测听设备 耳声阻抗/导纳测量仪器检定规程 V.R. of Audiometric Equipment-Instruments for the Measurement of Aural Acoustic Impedance/Admittance	JJG 991—2004①
JJG 992—2004	声强测量仪检定规程 V.R. of the Measurement Instruments of Sound Intensity	

①该规程部分内容被 JJF 1771—2019 代替。

现行规程号	规 程 名 称	被代替规程号
JJG 993—2018	电动通风干湿表检定规程 V.R. of Electric Ventilation Psychrometers	JJG 993—2004
JJG 994—2004	数字音频信号发生器检定规程 V.R. of Digital Audio Generators	
JJG 995—2005	静态扭矩测量仪检定规程 V.R. of Static Torque Measuring Devices	
JJG 996—2012	压缩天然气加气机检定规程 V.R. of Compressed Natural Gas Dispensers	JJG 996—2005 正文部分
JJG 997—2015	液化石油气加气机检定规程 V.R. of Liquefied Petroleum Gas Dispenser	JJG 997—2005
JJG 998—2005	激光小角度测量仪检定规程 V.R. of Laser Measuring Instruments for Small Angles	
JJG 999—2018	称量式数显液体密度计检定规程 V.R. of Digital Weighted - Method Liquid Density Meters	JJG 999—2005
JJG 1000—2005	电动水平振动试验台检定规程 V.R. of Electrodynamic Horizontal Vibration Generator for Testing	

现行规程号	规程名称	被代替规程号
JJG 1001—2005	机动车近光检测仪校准器检定规程 V.R. of Calibrators for Near Head-lamp Tester of Motor Vehicle	
JJG 1002—2005	旋转黏度计检定规程 V.R. of Rotational Viscometers	JJG 215—1981
JJG 1003—2016	流量积算仪检定规程 V.R. of Flow Intergration Meters	JJG 1003—2005
JJG 1004—2005	氢原子频率标准检定规程 V.R. of Hydrogen Atomic Frequency Standards	
JJG 1005—2019	电子式绝缘电阻表检定规程 V.R. of Electronic Insulation Resistance Meters	JJG 1005—2005
JJG 1006—2005	煤中全硫测定仪检定规程 V.R. of Determinators for Total Sulfur in Coal	
JJG 1007—2005	直流高压分压器检定规程 V.R. of DC High Voltage Dividers	
JJG 1008—2006	标准齿轮检定规程 V.R. of Master Gears	
JJG 1009—2016	X、γ辐射个人剂量当量$H_P(10)$监测仪检定规程 V.R. of Personal Dose Equivalent $H_P(10)$ Monitors for X and γ Radiations	JJG 1009—2006

现行规程号	规 程 名 称	被代替规程号
JJG 1010—2013	电子停车计时收费表检定规程 V.R. of Electronic Parking Meters	JJG 1010—2006
JJG 1011—2018	角膜曲率计检定规程 V.R. of Ophthalmometers	JJG 1011—2006
JJG 1012—2019	化学需氧量(COD)在线自动监测仪检定规程 V.R. of On-line Automatic Determinators of Chemical Oxygen Demand(COD)	JJG 1012—2006
JJG 1013—2006	头部立体定向放射外科γ辐射治疗源检定规程 V.R. of γ Radiation Source Used in Head Stereotactic Radiosurgery Therapy	
JJG 1014—2019	机动车检测专用轴(轮)重仪检定规程 V.R. of Special Axle(Wheel) Load Scales for Motor Vehicle Test	JJG 1014—2006
JJG 1015—2006	通用数字集成电路测试系统检定规程 V.R. of General Digital Integrated Circuit Testing System	
JJG 1016—2006	心电监护仪检定仪检定规程 V.R. of Calibration Device for Electric Cardiac Monitor	

现行规程号	规 程 名 称	被代替规程号
JJG 1017—2007	1kHz～1MHz标准水听器检定规程 V.R. of Standard Hydrophones in the Frequency Range 1 kHz to 1 MHz	
JJG 1018—2007	1Hz～2kHz标准水听器检定规程 V.R. of Standard Hydrophones in the Frequency Range 1 Hz to 2 kHz	
JJG 1019—2007	工作标准传声器(耦合腔比较法)检定规程 V.R. of Working Standard Microphones(Coupler Comparison Method)	
JJG 1020—2017	平板式制动检验台检定规程 V.R. of Platform Brake Testers	JJG 1020—2007
JJG 1021—2007	电力互感器检定规程 V.R. of Instrument Transformers in Power System	
JJG 1022—2016	甲醛气体检测仪检定规程 V.R. of Formaldehyde Gas Analyzers	JJG 1022—2007
JJG 1023—2007	核子密度及含水量测量仪检定规程 V.R. of Testing Instrument for Density and Moisture with Nuclear Radiation Method	

现行规程号	规程名称	被代替规程号
JJG 1024—2007	脉冲功率计检定规程 V.R. of Pulse Power Meters	
JJG 1025—2007	恒定加力速度建筑材料试验机检定规程 V.R. of Building Material Testing Machine of Constant Loading Speed	
JJG 1027—2007	医用^{60}Co远距离治疗辐射源检定规程 V.R. of Medical Radiation Source for ^{60}Co Teletherapy	JJG 589—2001 γ治疗辐射源部分
JJG 1028—2007	放射治疗模拟定位X射线辐射源检定规程 V.R. of X-ray Radiation Source for Radiotherapy Simulating Localization	
JJG 1029—2007	涡街流量计检定规程 V.R. of Vortex-shedding Flowmeter	JJG 198—1994 涡街流量部分
JJG 1030—2007	超声流量计检定规程 V.R. of Ultrasonic Flowmeters	JJG 198—1994 超声流量部分
JJG 1031—2007	烟支硬度计检定规程 V.R. of Cigarettes Hardness Testers	

现行规程号	规 程 名 称	被代替规程号
JJG 1032—2007	标准光电高温计检定规程 V.R. of Standard Photoelectric Pyrometer	
JJG 1033—2007	电磁流量计检定规程 V.R. of Electromagnetic Flowmeters	JJG 198—1994 电磁流量部分
JJG 1034—2008	光谱光度计标准滤光器检定规程 V.R. of Reference Filter for Calibration Spectrophotometer	
JJG 1035—2008	通信用光谱分析仪检定规程 V.R. of Optical Spectrum Analyzers in Telecommunication	
JJG 1036—2008	电子天平检定规程 V.R.for Electronic Balance	JJG 98—1990 电子天平部分
JJG 1037—2008	涡轮流量计检定规程 V.R. of Turbine Flowmeter	JJG 198—1994 涡轮流量计部分
JJG 1038—2008①	科里奥利质量流量计检定规程 V.R. of Goriolis Mass Flow Meters	JJG 897—1995 科里奥利质量流量计部分
JJG 1039—2008	D型邵氏硬度计检定规程 V.R. of Shore D Durometer	

①该规程部分内容被 JJF 1591—2016 代替。

现行规程号	规程名称	被代替规程号
JJG 1040—2008	数字式光干涉甲烷测定器检定仪检定规程 V.R. of Digital Measuring Device for Optical Interference Methane Detector	
JJG 1041—2008	数字心电图机检定规程 V.R. of Digital Electrocardiographs	
JJG 1042—2008	动态(可移动)心电图机检定规程 V.R. for Ambulatory Electrocardiographs	
JJG 1043—2008	脑电图机检定规程 V.R. of Electroencephalographs	JJG 543—1996 脑电图机部分
JJG 1044—2008	卡尔·费休库仑法微量水分测定仪检定规程 V.R. of Instrument for KF coulometry titration	
JJG 1045—2017	泥浆密度计检定规程 V.R. of Mud Density Meters	JJG 1045—2008
JJG 1046—2008	方形角尺检定规程 V.R. of Square Gauge	
JJG 1047—2009	金属努氏硬度计检定规程 V.R. of Metallic Knoop Hardness Testers	

现行规程号	规 程 名 称	被代替规程号
JJG 1048—2009	标准努氏硬度块检定规程 V.R. of Knoop Hardness Reference Blocks	
JJG 1049—2009	弱磁场交变磁强计检定规程 V.R. of Alternating Tesla-Meter for Weak Magnetic Field	
JJG 1050—2009	X 、γ 射线骨密度仪检定规程 V.R. of X、Gamma-ray Densitometry for Bone Mineral Density	
JJG 1051—2009	电解质分析仪检定规程 V.R. of Electrolyte Analyzers	
JJG 1052—2009	回路电阻测试仪、直阻仪检定规程 V.R. of Loop Resistance Tester and DC Resistance Meters	
JJG 1053—2009	60kV～300kV X 射线治疗辐射源检定规程 V.R. of Radiation Source used in 60 kV～300 kV X-ray Radiotherapy	
JJG 1054—2009	钳形接地电阻仪检定规程 V.R. of Clamp Earth Resistance Meters	
JJG 1055—2009	在线气相色谱仪检定规程 V.R. of On-line Gas Chromatograph	

现行规程号	规 程 名 称	被代替规程号
JJG 1056—2010	高静水压下 20 Hz～3.15 kHz 标准水听器(耦合腔互易法)检定规程 V. R. of Standard Hydrophones in the Frequency Range 20 Hz to 3.15 kHz under High Hydrostatic Pressure (Acoustic Coupler Reciprocity Method)	
JJG 1057—2010	电视信号场强仪检定规程 V. R. of TV Signal Field Strength Meter	
JJG 1058—2010	实验室振动式液体密度计检定规程 V. R. of Laboratory Oscillation-type Liquid Density meters	
JJG 1059—2010	个人与环境监测用 X、γ 辐射热释光剂量计检定规程 V. R. of Thermoluminescence Dosimeters used in Personal and Environmental Monitoring for X and γ Radiation	
JJG 1060—2010	微量溶解氧测定仪检定规程 V. R. of Low-level Dissolved Oxygen Meters	
JJG 1061—2010	液体颗粒计数器检定规程 V. R.for Liquid-borne Particle Counters	
JJG 1062—2010	便携式振动校准器检定规程 V. R. of Portable Vibration Calibrator	

现行规程号	规 程 名 称	被代替规程号
JJG 1063—2010	电液伺服万能试验机检定规程 V.R. of Electro-hydraulic Servo Universal Testing Machines	
JJG 1064—2011	氨基酸分析仪检定规程 V.R. of Automatic Amino Acid Analyzer	
JJG 1065—2011	IC卡节水计时计费器检定规程 V.R. of IC Card Timing and Charging Device for Water Saving	
JJG 1066—2011	精密离心机检定规程 V.R. of Precision Centrifuge	
JJG 1067—2011	医用诊断数字减影血管造影(DSA)系统X射线辐射源检定规程 V.R. of Medical Diagnostic X-ray Radiation Source for Medical Digital Subtraction Angiography	
JJG 1068—2011	固态电压标准检定规程 V.R. of DC Reference Standard	
JJG 1069—2011	直流分流器检定规程 V.R. of DC Shunts	
JJG 1070—2011	0.5MHz～5MHz标准水听器(二换能器互易法)检定规程 V.R. of Standard Hydrophones in the Frequency Range 0.5 MHz to 5 MHz (Two-transducer Reciprocity Method)	

现行规程号	规 程 名 称	被代替规程号
JJG 1071—2011	线加速度计检定装置(重力场法)检定规程 V.R. of Verification Equipment of Linear Accelerometer by Earth's Gravitation	
JJG 1072—2011	直流高压高值电阻器检定规程 V.R. of High Voltage and Value D.C. Resistors	JJG 166—1993 直流高压高值电阻器部分
JJG 1073—2011	压力式六氟化硫气体密度控制器检定规程 V.R. of Pressure Type SF_6 Gas Density Monitor	
JJG 1074—2012	机动车激光测速仪检定规程 V.R. of Vehicle Laser Speed Measurement Device	
JJG 1075—2012	高压标准电容器检定规程 V.R. of High Voltage Standard Capacitors	
JJG 1076—2012	机动车地感线圈测速系统检定装置检定规程 V.R. of Verification Equipment for Traffic Loop-based Speed Meters	
JJG 1077—2012	臭氧气体分析仪检定规程 V.R. of Ozone Gas Analyzers	
JJG 1078—2012	医用数字摄影(CR、DR)系统X射线辐射源检定规程 V.R. of X-ray Radiation Sources for Medical Computed Radiography System and Digital Radiography System	

现行规程号	规 程 名 称	被代替规程号
JJG 1079—2013	铁路轨道信号测试设备综合校验装置检定规程 V.R. of Comprehensive Calibrators for Test Equipment of Railway Track Signal	
JJG 1080—2013	铁路机车车辆车轮检查器检定规程 V.R. of Wheel-Checker for Railway Locomotives and Vehicles	
JJG 1081.1—2013	铁路机车车辆轮径量具检定规程　第1部分:轮径尺 V.R. of Measuring Instrument for Wheel-Diameter of Railway Locomotives and Vehicles — Part 1: Ruler for Wheel-Diameter	
JJG 1081.2—2013	铁路机车车辆轮径量具检定规程　第2部分:轮径测量器 V.R. of Measuring Instrument for Wheel - Diameter of Railway Loco motives and Vehicles — Part 2: Measuring Tools for Wheel-Diameter	
JJG 1082.1—2013	铁路机车车辆轮径量具检具检定规程　第1部分:轮径尺检具 V.R. of Means of Measuring Instrument for Wheel-Diameter of Railway Locomotives and Vehicles — Part 1: Means of Ruler for Wheel-Diameter	

现行规程号	规 程 名 称	被代替规程号
JJG 1082.2—2013	铁路机车车辆轮径量具检具检定规程 第2部分:轮径测量器检具 V.R. of Means of Measuring Instrument for Wheel-Diameter of Railway Locomotives and Vehicles — Part 2: Means of Measuring Tools for Wheel-Diameter	
JJG 1083—2013	锚固试验机检定规程 V.R. of Anchorage Testing Machines	
JJG 1084—2013	数字式气压计检定规程 V.R. of Digital Barometers	
JJG 1085—2013	标准电能表检定规程 V.R. of Reference Meters for Electrical Energy	JJG 596—1999 标准电能表部分
JJG 1086—2013	气体活塞式压力计检定规程 V.R. of Pneumatic Piston Gauge	
JJG 1087—2013	矿用氧气检测报警器检定规程 V.R. of Oxygen Alarm Detectors for Mining	
JJG 1088—2019	角膜曲率计用计量标准器检定规程 V.R. of Standard Devices for Calibration of Ophthalmometers	JJG 1088—2013
JJG 1089—2013	渗透压摩尔浓度测定仪检定规程 V.R. of Osmometers	

现行规程号	规程名称	被代替规程号
JJG 1090—2013	铁路轨道检查仪检定规程 V.R. of Inspecting Instruments for Railway Track	
JJG 1091—2013	铁路轨道检查仪检定台检定规程 V.R. of Calibrater for Inspecting Instruments for Railway Track	
JJG 1092—2013	机车速度表检定规程 V.R. of Locomotive Speedmeters	
JJG 1093—2013	矿用一氧化碳检测报警器检定规程 V.R. of Detectors of Mining Carbon Monoxide	
JJG 1094—2013	总磷总氮水质在线分析仪检定规程 V.R. of Water Quality On-line Analyzers of Total Phosphorus and Total Nitrogen	
JJG 1095—2014	环境噪声自动监测仪检定规程 V.R. of Environmental Noise Automatic Monitors	
JJG 1096—2014	列车尾部安全防护装置主机检测台检定规程 V.R.of Detection Stations of the End-of-train Safety Equipment Host	
JJG 1097—2014	综合验光仪(含视力表)检定规程 V.R. of Phoropters (Eye Chart Included)	

现行规程号	规 程 名 称	被代替规程号
JJG 1098—2014	医用注射泵和输液泵检测仪检定规程 V.R. of Medical Syringe Pump and Infusion Pump Analyzers	
JJG 1099—2014	预付费交流电能表检定规程 V.R. of Pre-payment Electrical Meters for Measuring Alternating-current Electrical Energy	
JJG 1100—2014	流气正比计数器 总α、总β测量仪检定规程 V.R.of Gas-Flow Proportional Counter Gross Alpha and Gross Beta Measuring Instruments	
JJG 1101—2014	医用诊断全景牙科 X 射线辐射源检定规程 V. R. of Medical Diagnostic X-ray Source for Dental Panorama	
JJG 1102—2014	固定式 α、β 个人表面污染监测装置检定规程 V.R.of Installed Personnel α、β Surface Contamination Monitoring Assemblies	
JJG 1103—2014	标准扭矩扳子检定规程 V.R.of Standard Torque Wrench	

现行规程号	规 程 名 称	被代替规程号
JJG 1104—2015	动态光散射粒度分析仪检定规程 V.R. of Dynamic Light Scattering Particle Size Analyzers	
JJG 1105—2015	氨气检测仪检定规程 V.R. of Ammonia Gas Detectors	
JJG 1106—2015	工作用静止式谐波有功电能表检定规程 V.R. of Static Harmonic Meters of Active Electrical Energy for Working	
JJG 1107—2015	自动标准压力发生器检定规程 V.R. of Automatic Standard Pressure Generators	
JJG 1108—2015	铁路支距尺检定规程 V.R. of Railway Switch Offset Rules	
JJG 1109—2015	铁路支距尺检定器检定规程 V.R. of Calibrators for Railway Switch Offset Rule	
JJG 1110—2015	铁道车辆轮对轮位差、盘位差测量器检定规程 V.R. of Measuring Ruler for Difference of Wheels Set Position and Brake Discs Set Position of Railway Vehciles	
JJG 1111—2015	铁道车辆轮重测定仪检定规程 V.R. of Measurement Machines for Wheel-Load of Railway Vehicles	

现行规程号	规程名称	被代替规程号
JJG 1112—2015	继电保护测试仪检定规程 V.R. of Testers for Relaying Protection	
JJG 1113—2015	水表检定装置检定规程 V.R. of Verification Facility for Water Meters	JJG 164—2000 水表检定装置部分
JJG 1114—2015	液化天然气加气机检定规程 V.R. of Liquefied Natural Gas Dispensers	
JJG 1115—2015	局部放电校准器检定规程 V.R. of Apparent Charge Calibrator for Partial Discharge Measurements	
JJG 1116—2015	叠加式力标准机检定规程 V.R. of Build-up Force Standard Machines	JJG 734—2001 叠加式力标准机内容
JJG 1117—2015	液压式力标准机检定规程 V.R. of Hydraulic-Amplification Force Standard Machines	JJG 734—2001 液压式力标准机内容
JJG 1118—2015	电子汽车衡（衡器载荷测量仪法）检定规程 V.R.of Electronic Truck Scale (Method of Load Measurement Apparatus of Electric Weighing Instrument)	
JJG 1119—2015	衡器载荷测量仪检定规程 V.R. of Load Measurement Apparatus of Electric Weighing Instrument	

现行规程号	规 程 名 称	被代替规程号
JJG 1120—2015	高压开关动作特性测试仪检定规程 V.R. of High Voltage Switch Operation Characteristic Testers	
JJG 1121—2015	旋进旋涡流量计检定规程 V.R. of Vortex Precession Flowmeters	JJG 198—1994 旋进旋涡流量计部分
JJG 1122—2015	机动车地感线圈测速系统检定规程 V.R. of Traffic Loop-based Speed Meters	
JJG 1123—2016	装载机电子秤检定规程 V.R. of Electronic Instruments for Fornt-end Loader	
JJG 1124—2016	门座(桥架)起重机动态电子秤检定规程 V.R. of Dynamic Scales for Portal Slewing (Overhead Type) Crane	
JJG 1125—2016	氯乙烯气体检测报警仪检定规程 V.R. of Alarms and Detectors of Chloroethylene Gas	
JJG 1126—2016	高压介质损耗因数测试仪检定规程 V.R. of High Voltage Dielectric Loss Tester	

现行规程号	规 程 名 称	被代替规程号
JJG 1127—2016	钢轨磨耗测量器检定规程 V.R. of Wear Tools for Rail	
JJG 1128—2016	铁路机车车辆制动软管连接器量具检定规程 V.R. of Gauges of Air Brake Hose Coupling for Locomotive and Rolling Stock	
JJG 1129—2016	铁路轮对接触电阻检测仪检定规程 V.R. of Instrument for Measuring Touching Resistance of Railway Wheelsets	
JJG 1130—2016	托盘扭力天平检定规程 V.R. of Table Torsion Balance	
JJG 1131—2016	海洋倾废记录仪检定规程 V.R. of Marine Dumping Recording Instruments	
JJG 1132—2017	热式气体质量流量计检定规程 V.R. of Thermal Mass Gas Flowmeters	JJG 897—1995 热式质量流量计部分
JJG 1133—2017	煤矿用高低浓度甲烷传感器检定规程 V.R. of High-Low Concentration Methane Transmitters for Coal Mine	

现行规程号	规程名称	被代替规程号
JJG 1134—2017	转速测量仪检定规程 V.R. of Rotational Speed Measuring Instrument	
JJG 1135—2017	热重分析仪检定规程 V.R. of Thermogravimetric Analyzers	
JJG 1136—2017	扭转疲劳试验机检定规程 V.R. of Torsional Fatigue Testing Machines	
JJG 1137—2017	高压相对介损及电容测试仪检定规程 V.R. of High Voltage Relative Dielectric Loss and Capacitance Testers	
JJG 1138—2017	煤矿用非色散红外甲烷传感器检定规程 V.R. of Non-dispersive Infrared Methane Transmitters for Coal Mine	
JJG 1139—2017	计量用低压电流互感器自动化检定系统检定规程 V.R. of Low Voltage Metering Current Transformer Automatic Testing System	
JJG 1140—2017	工业分析仪检定规程 V.R. of Industrial Analyzers	
JJG 1141—2017	接触式压平眼压计检定规程 V.R. of Applanation Tonometers	

现行规程号	规 程 名 称	被代替规程号
JJG 1142—2017	动态压力标准器检定规程 V.R. of Dynamic Pressure Standards	
JJG 1143—2017	非接触式眼压计检定规程 V.R. of Non-contact Tonometers	
JJG 1144—2017	重力加速度式波浪浮标检定规程 V.R. of The Gravitational Acceleration Wave Buoy	
JJG 1145—2017	医用乳腺X射线辐射源检定规程 V.R. of Medical X-ray Radiation Sources for Mammographic Equipment	
JJG 1146—2017	工作扭矩仪检定规程 V.R. of Working Torque-meters	
JJG 1147—2018	夏比V型缺口标准冲击试样检定规程 V.R. of Charpy V - notch Reference Test Pieces	
JJG 1148—2018	电动汽车交流充电桩检定规程 V.R. of A.C Charging Spot For Electric Vehicles	
JJG 1149—2018	电动汽车非车载充电机检定规程 V.R. of Off - board Charger For Electric Vehicles	

现行规程号	规 程 名 称	被代替规程号
JJG 1150—2018	铁路机车车辆车钩中心高度测量尺检定规程 V.R. of Rules for Measuring Center Height of Coupler for Railway Locomotive and Vehicle	
JJG 1151—2018	液相色谱-原子荧光联用仪检定规程 V.R. of Liquid Chromatograph - Atomic Fluorescence Spectrometers	
JJG 1152—2018	工业测量型全站仪检定规程 V.R. of Industrial Measurement Total Stations	
JJG 1153—2018	铁路机车车辆轮对内距尺检定规程 V.R. of Gauges for Measuring Distance between Inside Rim Faces of Wheels of Railway Locomotives and Vehicles	
JJG 1154—2018	卡尔·费休容量法水分测定仪检定规程 V.R. of Karl Fischer Volumetric Titrators for Water Content	
JJG 1155—2018	铁路机车车辆车轮检查器检具检定规程 V.R. of Calibrators of Wheel - Checkers for Railway Locomotives and Vehicles	

现行规程号	规 程 名 称	被代替规程号
JJG 1156—2018	直流电压互感器检定规程 V.R. of DC Voltage Transformers	
JJG 1157—2018	直流电流互感器检定规程 V.R. of DC Current Transformers	
JJG 1158.1—2018	钢轨测温计检定规程 第1部分：双金属式钢轨测温计 V.R. of Rail Thermometers— Part 1：Bimetallic Rail Thermometers	
JJG 1158.2—2018	钢轨测温计检定规程 第2部分：数字式钢轨测温计 V.R. of Rail Thermometers—Part 2：Digital Rail Thermometers	
JJG 1159—2018	铁路机车车辆轮对内距尺检具检定规程 V.R. of Calibrators for Gauge of Distance Between Inside Rim Faces of Wheels for Railway Locomotive and Vehicle	
JJG 1160—2019	汽车加载制动检验台检定规程 V.R. of Loading Method Automobile Brake Testers	
JJG 1161—2019	矿用硫化氢气体检测仪检定规程 V.R. of Hydrogen Sulfide Gas Detectors for Mining	

现行规程号	规 程 名 称	被代替规程号
JJG 1162—2019	医用电子体温计检定规程 V.R. of Clinical Electronic Thermometers	
JJG 1163—2019	多参数监护仪检定规程 V.R. of Multifunction Patient Monitoring Instruments	
JJG 1164—2019	红外耳温计检定规程 V.R. of Infrared Ear Thermometers	
JJG 1165—2019	三相组合互感器检定规程 V.R. of Three－phase Combined Instrument Transformers	
JJG 1166—2019	声学多普勒海流单点测量仪检定规程 V.R. of Single Point Acoustic Doppler Current Measuring Instrument	
JJG 1167—2019	海洋测风仪器检定规程 V.R. of Anemometers Used in Marine Field	
JJG 1168—2019	交流峰值电压表检定规程 V.R. of AC Peak Voltmeters	
JJG 1169—2019	烟气采样器检定规程 V.R. of Flue Gas Samplers	
JJG 1170—2019	自动定量装车系统检定规程 V.R. of Automatic Quantitative Loading Vehicle Systems	

现行规程号	规 程 名 称	被代替规程号
JJG 1171—2019	混凝土配料秤检定规程 V.R. of Concrete Batching Scales	
JJG 1172—2019	工作标准传声器(自由场比较法)检定规程 V.R. of Working Standard Microphones(Free-field Comparison Method)	
JJG 1173—2019	电子式井下压力计检定规程 V.R. of Electronic Downhole Pressure Gauges	

3. 其他国家计量技术规范

注：从1998年起，国家计量技术规范编号由原来的JJG×××—××××改为JJF××××—××××。

现行规范号	规范名称	被代替规范号
JJF 1001—2011	通用计量术语及定义 General Terms in Metrology and Their Definitions	JJF 1001—1998
JJF 1002—2010	国家计量检定规程编写规则 The Rules for Drafting National Metrological Verification Regulation	JJF 1002—1998
JJF 1004—2004	流量计量名词术语及定义 Metrological Terms and Their Definitions for Flow Rate	JJF 1004—1986
JJF 1005—2016	标准物质通用术语和定义 General Terms and Difinitions Used in Connection with Reference Materials	JJF 1005—2005
JJF 1006—1994	一级标准物质技术规范 Technical Norm of Primary Reference Material	JJF 1006—1986
JJF 1007—2007	温度计量名词术语及定义 Temperature Metrological Terms and Their Definitions	JJF 1007—1989
JJF 1008—2008	压力计量名词术语及定义 Pressure Metrological Terms and Their Definitions	JJG 1008—1987

现行规范号	规 范 名 称	被代替规范号
JJF 1009—2006	容量计量术语及定义 Metrological Terms and Definitions for Capacity	JJF 1009—1987
JJF 1010—1987	长度计量名词术语及定义 Length Metrology Terms and Their Definitions	
JJF 1011—2006	力值与硬度计量术语及定义 Terminology and Definitions for Metrology of Force and Hardness	JJF 1011—1987
JJF 1012—2007	湿度与水分计量名词术语及定义 Terms and Definitions in Humidity and Moisture Metrology	JJF 1012—1987
JJF 1013—1989	磁学计量常用名词术语及定义（试行） Terms in Common Use and Their Difinition for the Magnetic Metrology	
JJF 1014—1989	罐内液体石油产品计量技术规范 Technical Norm of the Measurement of Liquid Petroleum Products in Tanks	
JJF 1015—2014	计量器具型式评价通用规范 General Norm for Pattern Evaluation of Measuring Instruments	JJF 1015—2002

现行规范号	规 范 名 称	被代替规范号
JJF 1016—2014	计量器具型式评价大纲编写导则 The Rules for Drafting Program of Pattern Evaluation of Measuring Instruments	JJF 1016—2009
JJF 1017—1990	使用硫酸铈-亚铈剂量计测量γ射线水吸收剂量标准方法 Standard Method for Using the Ceric - Cerous Sulfate Dosimeter to Measure γ-ray Absorted Dose in Water	
JJF 1018—1990	使用重铬酸钾(银)剂量计测量γ射线水吸收剂量标准方法 Standard Method for Using the Potassium (silver) Dichromate Dosimeter to Measure γ - ray Absorbed Dose in Water	
JJF 1019—1990	^{60}Co 远距离治疗束吸收剂量的邮寄监测方法 Postcheck Method for ^{60}Co Radiothorapy Beam Absorbed Dose	
JJF 1020—1990	γ射线辐射加工剂量保证监测方法 Dose Assurence Monitoring Method for γ-Ray Radiation Processing Level	
JJF 1021—1990	产品质量检验机构计量认证技术考核规范 The Technical Examination Norm for Metrology Accreditation of Testing Unit for Testing of Product Quality	

现行规范号	规范名称	被代替规范号
JJF 1022—2014	计量标准命名与分类编码 Designation and Classification Code for Measurement Standard	JJF 1022—1991
JJF 1023—1991	常用电学计量名词术语(试行) General Metrological Terms for Electrical Measurement	
JJF 1024—2006	测量仪器可靠性分析 Reliability Analysis for Measuring Instruments	JJF 1024—1991
JJF 1025—1991	机械秤改装规范 Technical Norm of Machine Scale Remake	
JJF 1026—1991	光子和高能电子束吸收剂量测定方法 Absorbed Dose Determination in Photon and Electron Beams	
JJF 1028—1991	使用重铬酸银剂量计测量γ射线水吸收剂量标准方法 Standard Method for Using the Silver Dichromate Dosimeter to Measure γ-Ray Absorbed Dose in Water	

现行规范号	规范名称	被代替规范号
JJF 1029—1991	电子探针定量分析用标准物质研制规范 The Technical Norm for Development of Certified Reference Materied Used in Quantitative Analysis of Electron Microprobe	
JJF 1030—2010	恒温槽技术性能测试规范 Measurement and Test Norm of Thermostatic Bath's Technological Characteristics	JJF 1030—1998
JJF 1031—1992	依法管理的物理化学计量器具分类规范 The Chassifical Norm of Physical and Chemical Measuring Instruments Managed by Metrogical Low	
JJF 1032—2005	光学辐射计量名词术语及定义 Terminology and Definitions for Optical Radiation Measurements	JJF 1032—1992
JJF 1033—2016	计量标准考核规范 Rule for the Examination of Measurement Standards	JJF 1033—2008
JJF 1034—2005	声学计量名词术语及定义 Metrological Terms and their Definitions for Acoustics	JJF 1034—1992
JJF 1035—2006	电离辐射计量术语及定义 Ionizing Radiation Metrological Terms	JJF 1035—1992

现行规范号	规 范 名 称	被代替规范号
JJF 1036—1993	交流电能表检定装置试验规范 Test Norm of Verification Equipment for AC Electrical Energy Meter	
JJF 1037—1993	线列固体图像传感器特性参数测试技术规范 Technical Norm of Measurement and Test of Characteristic Parameters for Linear Solid State Image Sensors	
JJF 1038—1993	直流电阻计量保证方案技术规范(试行) Technical Specification of MAP① for DC Resistance	
JJF 1039—1993	同轴功率计量保证方案技术规范(试行) T.S.② of MAP for Coaxial Power	
JJF 1040—1993	射频衰减计量保证方案技术规范(试行) T.S. of MAP for Radio Attenuation	
JJF 1041—1993	磁性材料磁参数计量保证方案技术规范(试行) T.S. of MAP for Properties of Magnetic Materials	

① MAP 为 Measurement Assurance Program 的缩写。

② T.S. 为 Technical Specification 的缩写。

现行规范号	规 范 名 称	被代替规范号
JJF 1042—1993	直流电动势计量保证方案技术规范(试行) T.S. of MAP for DC EMF'S	
JJF 1043—1993	维氏硬度计量保证方案技术规范(试行) T.S. of MAP for Veckers Hardness	
JJF 1044—1993	放射性核素活度计量保证方案技术规范(试行) T.S. of MAP for Activity of Radio-nuclides	
JJF 1045—1993	长度(量块)计量保证方案技术规范(试行) T.S. of MAP for Length of Gauge Block	
JJF 1046—1994	金属电阻应变计的工作特性技术规范 T.S. of Performance Characteristics of Metallic Resistance Strain Gauges	
JJF 1047—1994	磁耦合直流电流测量变换器校准规范 Calibratiom Specification for Magnetical Coupling Measuring	
JJF 1048—1995	数据采集系统校准规范 C.S.① of Data Acguisition System	

① C.S. 为 Calibration Specification 的缩写。

现行规范号	规 范 名 称	被代替规范号
JJF 1049—1995	温度传感器动态响应校准规范 C.S. of Temperature Sensor's Dynamic Response	
JJF 1050—1996	工作用热传导真空计校准规范 C.S. of Working Thermal Conducting Vacuum Gauge	JJG 587—1989 JJG 737—1991
JJF 1051—2009	计量器具命名与分类编码 Norm of Designation for Working Measuring Instrument and its Classification Code	JJG 1051—1996
JJF 1052—1996	气流式纤维细度测定仪的校准规范 C.S. for Fibre Fineness Tester of Airflow Method	
JJF 1053—1996	负荷传感器动态特性校准规范 C.S. for Dynamic Characteristic of Load Cell	
JJF 1054—1996	人血清无机成分分析结果评定规范 Evaluation Specification for Analysis Result of Inorganic Composition in Serum	
JJF 1056—1998	燃油加油机税控装置技术规范 The Technical Norm for Revenue Control Device of Fuel Dispenser	

现行规范号	规 范 名 称	被代替规范号
JJF 1057—1998	数字存储示波器校准规范 C.S. for Digital Storage Oscilloscope	
JJF 1059.1—2012*	测量不确定度评定与表示 Evaluation and Expression of Uncertainty in Measurement	JJF 1059—1999
JJF 1059.2—2012	用蒙特卡洛法评定测量不确定度 Monte Carlo Method for Evaluation of Measurement Uncertainty	
JJF 1062—1999	电离真空计校准规范 C.S. of Ionization Vacuum Gauge	JJG 265—1992
JJF 1063—2000	石油螺纹单项参数检查仪校准规范 C.S. for Instruments of Thread Inspection of Casing, Tubing Line Pipe and New Rotary Shouldered Connection	
JJF 1064—2010	坐标测量机校准规范 C.S. for Coordinate Measuring Machines	JJF 1064—2004
JJF 1065—2000	射频通信测试仪校准规范 C.S. for RF Communication Test Set	
JJF 1066—2000	测长机校准规范 C.S. for Length Measuring Instruments	JJG 54—1984

现行规范号	规 范 名 称	被代替规范号
JJF 1067—2014	工频电压比例标准装置校准规范 C.S. for Apparatus of Voltage Ratio Standards at Power Frequency	JJF 1067—2000
JJF 1068—2000	工频电流比例标准装置校准规范 C.S. for Sets of Current Ratio Standards at Power Frequency	
JJF 1069—2012	法定计量检定机构考核规范 Rules for the Examination of the Service of Legal Metrological Verification	JJF 1069—2007
JJF 1070—2005	定量包装商品净含量计量检验规则 Rules of Metrological Testing for Net Quantity of Products in Prepackages with Fixed Content	JJF 1070—2000
JJF 1070.1—2011	定量包装商品净含量计量检验规则 肥皂 Rules of Metrological Testing for Net Quantity of Soap Products in Prepackages with Fixed Content	
JJF 1070.2—2011*	定量包装商品净含量计量检验规则 小麦粉 Rules of Metrological Testing for Net Quantity of Wheat Flour Products in Prepackages with Fixed Content	

现行规范号	规 范 名 称	被代替规范号
JJF 1071—2010	国家计量校准规范编写规则 The Rules for Drafting National Calibration Specifications	JJF 1071—2000
JJF 1072—2000	齿厚卡尺校准规范 C.S. for Gear Tooth Calipers	JJG 84—1988
JJF 1073—2000	高频Q表校准规范 C.S. for HF Q-Meters	JJG 382—1985
JJF 1074—2018	酒精密度-浓度测量用表 C.S. for Measurement Tables for Density-Concentration of Alcohal	JJF 1074—2001
JJF 1075—2015	钳形电流表校准规范 C.S. for Clamp Ammeters	JJF 1075—2001
JJF 1076—2001	湿度传感器校准规范 C.S. of Humidity Sensors	
JJF 1077—2002	测微准直望远镜校准规范 C.S. for Micro-alignment Telescopes	
JJF 1078—2002	光学测角比较仪校准规范 C.S. for Optical Comparators for Angle Measurements	JJG 203—1980
JJF 1079—2002	阴极射线管彩色分析仪校准规范 C.S. for Cathode Ray Tube(CRT) Color Analyzers	
JJF 1080—2002*	－50～＋90℃黑体辐射源校准规范 C.S. for Blackbody Radiators in －50～＋90℃	

现行规范号	规范名称	被代替规范号
JJF 1081—2002	垂准仪校准规范 C.S. for Plumb Instruments	
JJF 1082—2002	平板仪校准规范 C.S. for Plane Tables	JJG 428—1986
JJF 1083—2002	光学倾斜仪校准规范 C.S. for Optical Clinometers	JJG 104—1986
JJF 1084—2002	框式水平仪和条式水平仪校准规范 C.S. for Frame Levels and Shaft Levels	JJG 38—1984
JJF 1085—2002	水平尺校准规范 C.S. for Level Rules	JJG 848—1993
JJF 1087—2002	直流大电流测量过程控制技术规范 T.S. for Measurement Control System for Heavy Direct Current	
JJF 1088—2015	大尺寸外径千分尺校准规范 C.S. for Large Dimension Outside Micrometers	JJF 1088—2002
JJF 1089—2002	滚动轴承径向游隙测量仪校准规范 C.S. for Instruments for Measuring Radial Clearance of Rolling Bearing	JJG 470—1986

现行规范号	规 范 名 称	被代替规范号
JJF 1090—2002	非金属建材塑限测定仪校准规范 C.S. for Nonmetal Building Materials Plastic Measuring Instruments	
JJF 1092—2002	光切显微镜校准规范 C.S. for Light Section Microscopes	JJG 76—1980
JJF 1093—2015	投影仪校准规范 C.S. for Projectors	JJF 1093—2002
JJF 1094—2002	测量仪器特性评定 T.S. for Evaluation of the Characteristics of Measuring Instruments	JJF 1027—1991 中计量器具准确度评定部分
JJF 1095—2002	电容器介质损耗测量仪校准规范 C.S. for Capacitor Dielectric Loss Meters	JJG 136—1986
JJF 1096—2002	引伸计标定器校准规范 C.S. for Calibrator of Extensometers	
JJF 1097—2003	平尺校准规范 C.S. for Calibration Specification for Straight Edges	JJG 116—1983
JJF 1098—2003	热电偶、热电阻自动测量系统校准规范 C.S. for Auto - measuring System of Thermocouples and Resistance Thermometers	

现行规范号	规范名称	被代替规范号
JJF 1099—2018	表面粗糙度比较样块校准规范 C.S. for Roughness Comparison Specimens	JJF 1099—2003
JJF 1100—2016	平面等厚干涉仪校准规范 C.S. for Flat Equal Thickness Interferometers	JJG 1100—2003
JJF 1101—2019	环境试验设备温度、湿度参数校准规范 C.S. for Environmental Testing Equipment for Temperature and Humidity Parameters	JJF 1101—2003
JJF 1102—2003	内径表校准规范 C.S. for Bore Dial Indicators	JJG 36—1989
JJF 1103—2003	万能试验机计算机数据采集系统评定 Evaluation for Computerized Data Acquisition Systems of Universal Testing Machines	
JJF 1104—2003	国家计量检定系统表编写规则 Rule for Drafting National Verification Scheme	
JJF 1105—2018	触针式表面粗糙度测量仪校准规范 C.S. for Contact (Stylus) Instruments of Surface Roughness Measurement by the Profile Method	JJF 1105—2003

现行规范号	规 范 名 称	被代替规范号
JJF 1106—2003	眼镜产品透射比测量装置校准规范 C.S. for Transmittance Measuring Equipment for Ophthalmic Products	
JJF 1107—2003	测量人体温度的红外温度计校准规范 C.S. for Infrared Thermometers for Measurement of Human Temperature	
JJF 1108—2012	石油螺纹工作量规校准规范 C.S. for OCTG Thread Working Gauges	JJF 1108—2003
JJF 1109—2003	跳动检查仪校准规范 C.S. for Concentricity Testers	JJG 88—1983
JJF 1110—2003	建筑工程质量检测器组校准规范 C.S. for Coustruction Quality Tester Sets	
JJF 1111—2003	调制度测量仪校准规范 C.S. of Modulation	JJG 437—1989
JJF 1112—2003	计量检测体系确认规范 Rules for Confirmation of Metrology Testing System	
JJF 1113—2004	轴承套圈角度标准件测量仪校准规范 C.S. of Angle Measuring Instrument for Bearing Ring	JJG 783—1992

现行规范号	规 范 名 称	被代替规范号
JJF 1114—2004	光学、数显分度台校准规范 C. S. for Optical & Digital Dividing Tables	JJG 305- 1992
JJF 1115—2004	光电轴角编码器校准规范 C. S. for Photoelectric Shaft Encoders	JJG 900—1995
JJF 1116—2004	线加速度计的精密离心机校准规范 C. S. for Linear Accelerometer Used Precision Centrifuger	
JJF 1117—2010	计量比对 Measurement Comparison	JJF 1117—2004
JJF 1117.1—2012	化学量测量比对 Measurement Comparison of Chemical Quantity	
JJF 1118—2004	全球定位系统(GPS)接收机(测地型和导航型)校准规范 C. S. for Global positioning System (GPS) Receiver	
JJF 1119—2004	电子水平尺校准规范 C. S. for Electronic Level Meter	
JJF 1120—2004	热电离同位素质谱计校准规范 C. S. for Thermal Ionizatiog Isotope Mass Spectrometers	

现行规范号	规 范 名 称	被代替规范号
JJF 1121—2004	手持式齿距比较仪校准规范 C. S. for Hand - hold Pitch Comparator	JJG 79—1982
JJF 1122—2004	齿轮螺旋线测量仪器校准规范 C. S. for Gear Helix Measuring Instruments	JJG 91—1989 JJG 430—1986
JJF 1123—2004	基圆齿距比较仪校准规范 C. S. for Base Circle Pitch Comparator	JJG 78—1982
JJF 1124—2004	齿轮渐开线测量仪器校准规范 C. S. for Gear Involute Measuring Instruments	JJG 91—1989 JJG 93—1989
JJF 1125—2004	滚刀检查仪校准规范 C. S. for Calibration Specification for Gear Hob Tester	JJG 65—1986
JJF 1126—2004	超声波测厚仪校准规范 C. S. for Ultrasonic Thickness Instrument	JJG 403—1986
JJF 1127—2004	射频阻抗/材料分析仪校准规范 C. S. for RF Impedance/Material Analyzers	JJG 127—1986
JJF 1128—2004	矢量信号分析仪校准规范 C. S. for Vector Signal Analyzers	

现行规范号	规范名称	被代替规范号
JJF 1129—2005	尿液分析仪校准规范 C.S. of Urine Analyzers	
JJF 1130—2005	几何量测量设备校准中的不确定度评定指南 Guide to the Estimation of Uncertainty in Calibration of Geometrical Measuring Equipment	
JJF 1131—2005	TDMA-GSM数字移动通信综合测试仪校准规范 C.S. for TDMA-GSM Radio Communication Testers	
JJF 1132—2005	组合式角度尺校准规范 C.S. for Combined Type Angle Rules	JJG 132—1994
JJF 1133—2005	X射线荧光光谱法黄金含量分析仪校准规范 C.S. of Gold Gauge Utilizing X-ray Fluorescence Spectrometry	
JJF 1134—2005	专用工作测力机校准规范 C.S. for Working Force Measuring Machines for Special Purposes	JJG 609—1989 JJG 333—1996 JJG 787—1992
JJF 1135—2005	化学分析测量不确定度评定 Evaluation of Uncertainty in Chemical Analysis Measurement	
JJF 1136—2005	音准仪校准规范 C.S. of Tonometers	

现行规范号	规范名称	被代替规范号
JJF 1137—2005	传声器前置放大器校准规范 C.S. for Microphone Preamplifiers	
JJF 1138—2005	铣刀磨后检查仪校准规范 C.S. for the Testers of Sharpened Milling Cutter	JJG 87—1987
JJF 1139—2005	计量器具检定周期确定原则和方法 Principle and Method for Determination Verification Period of Measuring Instruments	
JJF 1140—2006	直角尺检查仪校准规范 C.S. for Square Testers	JJG 243—1993
JJF 1141—2006	汽车转向角检验台校准规范 C.S. for Turning Angle Testers for Automobile	
JJF 1142—2006	建筑声学分析仪校准规范 C.S. for Building Acoustics Analyzers	
JJF 1143—2006	混响室声学特性校准规范 C.S. for Acoustic Performance of Reverberation Rooms	
JJF 1144—2006	电磁骚扰测量接收机校准规范 C.S. for EMI Testing Receivers	
JJF 1145—2006	驻极体传声器测试仪校准规范 C.S. for Electret Microphone Instruments	

现行规范号	规 范 名 称	被代替规范号
JJF 1146—2006	消声水池声学特性校准规范 C.S. for Acoustic Characteristics of Anechoic Water Tank	
JJF 1147—2006	消声室和半消声室声学特性校准规范 C.S. for Acoustic Performance of Anechoic Rooms and Hemi-anechoic Rooms	
JJF 1148—2006	角膜接触镜检测仪校准规范 C.S. for Test Devices of Contact Lenses	
JJF 1149—2014	心脏除颤器校准规范 C.S. for Cardiac Defibrillators	JJF 1149—2006
JJF 1150—2006	光电探测器相对光谱响应度校准规范 C.S. for Relative Spectral Responsivity for Photoelectric Detectors	JJG 685—1990
JJF 1151—2006	车轮动平衡机校准规范 C.S. for Wheel Dynamic Balancers	
JJF 1152—2006	任意波发生器校准规范 C.S. for Arbitrary Waveform Generator	

现行规范号	规范名称	被代替规范号
JJF 1153—2006	冲击加速度计(绝对法)校准规范 C.S. for Shock Accelerometers (Absolute Method)	
JJF 1154—2014	四轮定位仪校准规范 C.S. for Four-wheel Aligners	JJF 1154—2006
JJF 1155—2006	30MHz～1.0GHz 吸收式功率钳校准规范 C.S. for Absorbing Clamp in the Range of 30MHz to 1.0GHz	
JJF 1156—2006	振动、冲击、转速计量术语及定义 Terminology and Definitions for Measurement of Vibration, Shock and Rotating Velocity	
JJF 1157—2006	测量放大器校准规范 C.S. for Measuring Amplifiers	
JJF 1158—2006	稳定同位素气体质谱仪校准规范 C.S. for Stable Isotope Gas Mass Spectrometer	

现行规范号	规 范 名 称	被代替规范号
JJF 1159—2006	四极杆电感耦合等离子体质谱仪校准规范 C.S. for Quadrupole Inductively Coupled Plasma Mass Spectrometers	
JJF 1160—2006	中小规模数字集成电路测试设备校准规范 C.S. of Small & Medium Scale Integrated Circuit Testing System	
JJF 1161—2006	催化燃烧式甲烷测定器型式评价大纲 Program of Pattern Evaluation of Heating Catalytic Methane Alarm Detector	
JJF 1162—2006	粉尘采样器型式评价大纲 P.P.E.① of Dust Sampler	
JJF 1163—2006	光干涉式甲烷测定器型式评价大纲 P.P.E. of Methane Detector of Interferometer Type	
JJF 1164—2018	气相色谱-质谱联用仪校准规范 C.S. for Gas Chromatography-Mass Spectrometries	JJF 1164—2006

①P.P.E.为 Program of Patten Evaluation 的缩写，下同。

现行规范号	规 范 名 称	被代替规范号
JJF 1165—2007	信纳表校准规范 C. S. for SINAD Meters	
JJF 1166—2007	激光扫平仪校准规范 C. S. for Rotating Lasers	
JJF 1167—2007	杂音计校准规范 C. S. for Psophometers	JJG 483—1987
JJF 1168—2007	便携式制动性能测试仪校准规范 C. S. for Portable Braking Performance Tester for Motor Vehicles	
JJF 1169—2007	汽车制动操纵力计校准规范 C. S. for Manipulating Force Tester for Automotive Brake	
JJF 1170—2007	负温度系数低温电阻温度计校准规范 C. S. for Gryogenic Resistance Thermometers with Negative Sensitivity	JJG 857—1994
JJF 1171—2007	温度巡回检测仪校准规范 C. S. for Temperature Itinerant Detecting Instrument	JJG 718—1991
JJF 1172—2007	挥发性有机化合物光离子化检测仪校准规范 C. S. for Volatile Organic Compounds Photo Ionization Detectors	
JJF 1173—2018	测量接收机校准规范 C. S. for Measuring Receivers	JJF 1173—2007

现行规范号	规范名称	被代替规范号
JJF 1174—2017	矢量信号发生器校准规范 C. S. for Vector Signal Generators	JJF 1174—2007
JJF 1175—2007	试验筛校准规范 C. S. for Test Sieves	
JJF 1176—2007	(0～1500)℃钨铼热电偶校准规范 C. S. for (0～1500)℃ Tungsten-Rhenium Thermocouples	JJG 576—1988
JJF 1177—2007	CDMA数字移动通信综合测试仪校准规范 C. S. of CDMA Digital Radio Communication Testers	
JJF 1178—2007	用于标准铂电阻温度计的固定点装置校准规范 C.S. of Fixed-Point Devices for Standard Platinum Resistance Thermometer	
JJF 1179—2007	集成电路高温动态老化系统校准规范 C.S. of High Temperature Dynamic IC Burn-in System	
JJF 1180—2007	时间频率计量名词术语及定义 Glossary and Definition of Time and Frequency Metrology	
JJF 1181—2007	衡器计量名词术语及定义 Weighing Instrument Terms in Metrology and Their Definitions	

现行规范号	规 范 名 称	被代替规范号
JJF 1182—2007	计量器具软件测评指南 Cuide for Software Testing of Measuring Instruments	
JJF 1183—2007	温度变送器校准规范 C.S. of the Temperature Transmitter	JJG 829—1993
JJF 1184—2007	热电偶检定炉温度场测试技术规范 Testing Specification of Temperature Uniformity in Thermocouple Calibration Furnaces	
JJF 1185—2007	速度型滚动轴承振动测量仪校准规范 C.S. for Vibrometer (Velocity) of Rolling Bearings	
JJF 1186—2018	标准物质证书和标签要求计量技术规范 T.S. of the Requirements of Reference Materials Certificates and Labels	JJF 1186—2007
JJF 1187—2008	热像仪校准规范 Calibration Specification for Thermal Imagers	
JJF 1188—2008	无线电计量名词术语及定义 Terms and Their Definitions for Radio Measurement	

现行规范号	规 范 名 称	被代替规范号
JJF 1189—2008	测长仪校准规范 C.S. for Length Measuring Instrument	JJG 55—1984
JJF 1190—2008	尘埃粒子计数器校准规范 C.S. for Airborne Particle Counter	JJG 547—1988
JJF 1191—2019	测听室声学特性校准规范 C.S. for Acoustic Performance of Audiometry Rooms	JJF 1191—2008
JJF 1192—2008	汽车悬架装置检测台校准规范 C.S. for Automotive Suspension Tester	
JJF 1193—2008	非接触式汽车速度计校准规范 C.S. for Non-contact Automotive Speedmeter	
JJF 1194—2008	轮胎强度及脱圈试验机校准规范 C.S. of Tester for Tyre Strength and Bead Unseating Resistance	
JJF 1195—2008	轮胎耐久性及轮胎高速性能转鼓试验机校准规范 C.S. of Drum Tester for Tyre Endurance and High Speed Test	
JJF 1196—2008	机动车方向盘转向力-转向角检测仪校准规范 C.S. of Motor Vehicle Testers for Steering Force and Steering Angle	

现行规范号	规 范 名 称	被代替规范号
JJF 1197—2008	光纤色散测试仪校准规范 C.S. of Optical Fiber Chromatic Dispersion Test Sets	
JJF 1198—2008	通信用可调谐激光源校准规范 C.S. of Tunable Laser Source for Telecommunications	
JJF 1199—2008	通信用光衰减器校准规范 C.S. of Optical Attenuator for Telecommunications	
JJF 1200—2008	声频功率放大器校准规范 C.S. for Audio-frequency Power Amplifiers	
JJF 1201—2008	助听器测试仪校准规范 C.S. for Hearing Aids Measurement Instruments	
JJF 1202—2008	驻极体传声器校准规范 C.S. for Electret Microphones	
JJF 1203—2008	电声产品(扬声器类)功率寿命试验仪校准规范 C.S. for Electro-acoustic Products (Loudspeakers) Power Life-span Measurement Equipments	
JJF 1204—2008	TD-SCDMA数字移动通信综合测试仪校准规范 C.S. for TD-SCDMA Digital Radio Communication Testers	

现行规范号	规 范 名 称	被代替规范号
JJF 1205—2008	谐波和闪烁分析仪校准规范 C.S. for Harmonious and Flicker Analysis System	
JJF 1206—2018	时间与频率标准远程校准规范 C.S. for Remote Calibration of Time and Frequency Standards	JJF 1206—2008
JJF 1207—2008	针规、三针校准规范 C.S. for Cylindrical Measuring Pin	JJG 41—1990
JJF 1208—2008	沥青针入度仪校准规范 C.S. for Apparatus for Determining Penetration of Bituminous Materials	
JJF 1209—2008	齿轮齿距测量仪校准规范 C.S. for Gear Pitch Measuring Instruments	JJG 294—1982
JJF 1210—2008	低速转台校准规范 C.S. for Rate Table	
JJF 1211—2008	激光粒度分析仪校准规范 C.S. of Static Light Scattering Particle Size Analyzer	
JJF 1212—2008	便携式动态轴重仪校准规范 C.S. of Portable Weighing Instruments for Axle of Vehicle in Motion	

现行规范号	规 范 名 称	被代替规范号
JJF 1213—2008	肺功能仪校准规范 C.S. for the Pulmonary Function Measuring Instrument	
JJF 1214—2008	长度基线场校准规范 Specification of Base line and Base net Calibration	
JJF 1215—2009	整体式内径千分尺(6000mm～10000mm)校准规范 C.S. for Integrity (Stylus) Internal Micrometres (6000mm ～ 10000mm)	
JJF 1216—2009	音波式皮带张力计校准规范 C.S. for Sonic Belt Tension Meters	
JJF 1217—2009	高频电刀校准规范 C.S. for Electrosurgical Generator	
JJF 1218—2009	标准物质研制报告编写规则 The Rule for Drafting in Report of Reference Materials	
JJF 1219—2009	激光测振仪校准规范 C.S. for Laser Vibrometers	
JJF 1220—2009	颗粒碰撞噪声检测系统校准规范 C.S. for PIND (Particle Impact Noise Detection)	
JJF 1221—2009	汽车排气污染物检测用底盘测功机校准规范 C.S. for Chassis Dynamometers for Automobile Emissions Testing	

现行规范号	规 范 名 称	被代替规范号
JJF 1223—2009	驻波管校准规范(驻波比法) C.S. for Standing Wave Tubes (Method Using Standing Wave Ratio)	
JJF 1224—2009	钢筋保护层、楼板厚度测量仪校准规范 C.S. for Reinforced Concrete Cover-meter and Floorslab Thickness Tester	
JJF 1225—2009	汽车用透光率计校准规范 C.S. for Transmittance Meter of Automobile	
JJF 1226—2009	医用电子体温计校准规范 C.S. of the Clinical Electronic Thermometer	
JJF 1227—2009	汽油车稳态加载污染物排放检测系统校准规范 C.S. for Exhaust Pollutants from Gasoline Vehicle under Steady-state Loaded Mode Measurement System	
JJF 1228—2009	声功率计校准规范 C.S. for Sound Power Meters	
JJF 1229—2009	质量密度计量名词术语及定义 Mass and Density Terms in Metrology and Their Definitions	
JJF 1230—2009	汽车正面碰撞试验用人形试验装置校准规范 C.S. of the Anthropomorphic Test Device in Vehicle Frontal Collision Test	

现行规范号	规 范 名 称	被代替规范号
JJF 1231—2009	汽车侧面碰撞试验用人形试验装置校准规范 C. S. of the Anthropomorphic Test Device in Vehicle Side Collision Test	
JJF 1232—2009	反射率测定仪校准规范 C. S. for Reflectometers	
JJF 1233—2010	齿轮双面啮合测量仪校准规范 C. S. for Gear Dual-flank Meshing Measuring Instrument	JJG 94—1981 JJG 96—1986
JJF 1234—2018	呼吸机校准规范 C. S. for Ventilators	JJF 1234—2010
JJF 1235—2010	电视视频信号发生器校准规范 C. S. for Television Video Signal Generator	
JJF 1236—2010	半导体管特性图示仪校准规范 C. S. for Semiconductor Device Curve Tracers	
JJF 1237—2017	SDH/PDH 传输分析仪校准规范 C. S. for SDH/PDH Transmission Analyzers	JJF 1237—2010
JJF 1238—2010	集成电路静电放电敏感度测试设备校准规范 C. S. for the Testing System for Microcircuits Electro-static Discharge (ESD) Sensitivity	

现行规范号	规 范 名 称	被代替规范号
JJF 1239—2010	稀土永磁体磁性温度系数测量技术规范 Technical Norm for Measurement of Magnetic Temperature Coefficient of Rare Earth Permanent Magnets	
JJF 1240—2010	临界流文丘里喷嘴法气体流量标准装置校准规范 C.S. for Gas Folw Calibration Facility by Means of Critical Flow Venturi Nozzles	
JJF 1241—2010	声级记录仪校准规范 C.S. for Sound Level Recorder	
JJF 1242—2010	激光跟踪三维坐标测量系统校准规范 C.S. for Laser Tracker 3-Dimensional Measuring System	
JJF 1243—2010	高声压传感器校准规范 C.S. for High Pressure Microphone Calibrators	
JJF 1244—2010	食品和化妆品包装计量检验规则 Rules of Metrology Testing for Package of Food and Cosmetics	JJF 1222—2009
JJF 1245.1—2019	安装式交流电能表型式评价大纲 有功电能表 P.P.E. of Fixed AC Electricity Meters —Active Electrical Energy Meters	部分代替 JJF 1245.1～6—2010

现行规范号	规 范 名 称	被代替规范号
JJF 1245.2—2019	安装式交流电能表型式评价大纲 软件要求 P. P. E. of Fixed AC Electricity Meters—Software Requirements	部分代替 JJF 1245.1～6—2010
JJF 1245.3—2019	安装式交流电能表型式评价大纲 无功电能表 P. P. E. of Fixed AC Electricity Meters—Reactive Electrical Energy Meters	部分代替 JJF 1245.1～6—2010
JJF 1245.4—2019	安装式交流电能表型式评价大纲 特殊要求和安全要求 P. P. E. of Fixed AC Electricity Meters—Special Requirements and Safety Requirements	部分代替 JJF 1245.1～6—2010
JJF 1245.5—2019	安装式交流电能表型式评价大纲 功能要求 P. P. E. of Fixed AC Electricity Meters—Functional Requirements	部分代替 JJF 1245.1～6—2010
JJF 1247—2010	动态(矿用)轻轨衡校准规范 C. S. for Weighing Instruments for Mining Car in Motion	

现行规范号	规 范 名 称	被代替规范号
JJF 1248—2010	通道式车辆放射性监测系统校准规范 C.S. for the Channel Vehicle Radioactivity Monitoring Systems	
JJF 1249—2010	放射性溶液校准规范 C.S. for Radioactive Solutions	
JJF 1250—2010	激光测径仪校准规范 C.S. for Laser Diameter Measuring Gauges	
JJF 1251—2010	坐标定位测量系统校准规范 C.S. for Measuring System of Coordinate Position	
JJF 1252—2010	激光千分尺平衡度检查仪校准规范 C.S. for Measuring Instrument for Laser Paralleism of Micrometers	JJG 828—1993
JJF 1253—2010	带表卡规校准规范 C.S. for Dial Snap Gauges	
JJF 1254—2010	数显测高仪校准规范 C.S. for Height Measuring Instrument with Digital Display	JJG 929—1998

现行规范号	规 范 名 称	被代替规范号
JJF 1255—2010	厚度表校准规范 C. S. for Thickness Gauges	
JJF 1256—2010	X 射线单晶体定向仪校准规范 C. S. for X-ray Monocrystal Orientation Equipment	
JJF 1257—2010	干体式温度校准器校准方法 Calibration Guideline of the Temperature Block Calibrators	
JJF 1258—2010	步距规校准规范 C. S. for Step Gauges	
JJF 1259—2018	医用注射泵和输液泵校准规范 C. S. for Syringe Pumps and Infusion Pumps	JJF 1259—2010
JJF 1260—2010	婴儿培养箱校准规范 C. S. for Baby Incubator	
JJF 1261.1—2017	用能产品能源效率计量检测规则 Rules of Metrology Testing for Energy Efficiency of Energy-using Products	JJF 1261.1—2010
JJF 1261.2—2017	房间空气调节器能源效率计量检测规则 Rules of Metrology Testing for Energy Efficiency of Room Air Conditioners	JJF 1261.2—2010

现行规范号	规 范 名 称	被代替规范号
JJF 1261.3—2017	家用电磁灶能源效率计量检测规则 Rules of Metrology Testing for Energy Efficiency of Household Induction Cookers	JJF 1261.3—2015
JJF 1261.4—2017	转速可控型房间空气调节器能源效率计量检测规则 Rules of Metrology Testing for Energy Efficiency of Variable-speed Room Air Conditioners	JJF 1261.4—2014
JJF 1261.5—2017	自动电饭锅能源效率计量检测规则 Rules of Metrology Testing for Energy Efficiency of Automatic Electric Rice Cookers	JJF 1261.5—2012
JJF 1261.6—2012	计算机显示器能源效率标识计量检测规则 Rules of Metrology Testing for Energy Efficiency label of Computer Monitors	
JJF 1261.7—2017	平板电视能源效率计量检测规则 Rules of Metrology Testing for Energy Efficiency of Flat Panel Televisions	JJF 1261.7—2014

现行规范号	规 范 名 称	被代替规范号
JJF 1261.8—2017	电动洗衣机能源效率计量检测规则 Rules of Metrology Testing for Energy Efficiency of Electric Washing Machines	JJF 1261.8—2014
JJF 1261.9—2013	家用燃气快速热水器和燃气采暖热水炉能源效率标识计量检测规则 Rules of Metrology Testing for Energy Efficiency Label of Domestic Gas Instantaneosu Water Heater and Gas Fired Heating and Hot Water Combi-boilers	
JJF 1261.10—2017	家用和类似用途微波炉能源效率计量检测规则 Rules of Metrology Testing for Energy Efficiency of Household and Similar Microwave Ovens	JJF 1261.10—2013
JJF 1261.11—2017	家用太阳能热水系统能源效率计量检测规则 Rules of Metrology Testing for Energy Efficiency of Domestic Solar Water Heating Systems	JJF 1261.11—2013

现行规范号	规范名称	被代替规范号
JJF 1261.12—2017	微型计算机能源效率计量检测规则 Rules of Metrology Testing for Energy Efficiency of Microcomputers	JJF 1261.12—2013
JJF 1261.14—2017	高压钠灯能源效率计量检测规则 Rules of Metrology Testing for Energy Efficiency of High-pressure Sodium Vapour Lamps	JJF 1261.14—2014
JJF 1261.15—2018	家用电冰箱能源效率计量检测规则 Rules of Metrology Testing for Energy Efficiency of Household Refrigerators	JJF 1261.15—2014
JJF 1261.16—2017	储水式电热水器能源效率计量检测规则 Rules of Metrology Testing for Energy Efficiency of Electric Storage Water Heaters	JJF 1261.16—2015
JJF 1261.17—2017	复印机、打印机和传真机能源效率计量检测规则 Rules of Metrology Testing for Energy Efficiency of Copy Machines, Printers and Fax Machines	JJF 1261.13—2014 JJF 1261.17—2015

现行规范号	规 范 名 称	被代替规范号
JJF 1261.18—2017	交流接触器能源效率计量检测规则 Rules of Metrology Testing for Energy Efficiency of AC Contactors	JJF 1261.18—2015
JJF 1261.19—2017	交流电风扇能源效率计量检测规则 Rules of Metrology Testing for Energy Efficiency of AC Electric Fans	JJF 1261.19—2015
JJF 1261.20—2017	电力变压器能源效率计量检测规则 Rules of Metrology Testing for Energy Efficiency of Power Transformers	JJF 1261.20—2015
JJF 1261.21—2017	数字电视接收器(机顶盒)能源效率计量检测规则 Rules of Metrology Testing for Energy Efficiency of Digital Television Adapters (Set-Top Boxes)	
JJF 1261.22—2017	普通照明用自镇流荧光灯能源效率计量检测规则 Rules of Metrology Testing for Energy Efficiency of Self-ballasted Fluorescent Lamps for General Lighting Service	

现行规范号	规 范 名 称	被代替规范号
JJF 1261.23—2017	容积式空气压缩机能源效率计量检测规则 Rules of Metrology Testing for Energy Efficiency of Displacement Air Compressors	
JJF 1261.24—2018	吸油烟机能源效率计量检测规则 Rules of Metrology Testing for Energy Efficiency of Range Hoods	
JJF 1261.25—2018	通风机能源效率计量检测规则 Rules of Metrology Testing for Energy Efficiency of Fans	
JJF 1261.26—2018	家用燃气灶具能源效率计量检测规则 Rules of Metrology Testing for Energy Efficiency of Domestic Gas Cooking Appliances	
JJF 1262—2010	铠装热电偶校准规范 C.S. for Sheathed Thermocouples	
JJF 1263—2010	六氟化硫检测报警仪校准规范 C.S. for the Alarmer Detector of Sulfur Hexafluoride	JJG 914—1996
JJF 1264—2010	互感器负荷箱校准规范 C.S. for Burden Box of Instrument Transformers	
JJF 1265—2010	生物计量术语及定义 Terms and Definitions for Biometrology	

现行规范号	规范名称	被代替规范号
JJF 1266—2010	行人与行李放射性监测装置校准规范 C. S. for Pedestrian & Luggage Radioactivity Monitoring System	
JJF 1267—2010	同位素稀释质谱基准方法 Primary Method Isotop Dilution Mass Spectrometry	
JJF 1268—2010	医用X射线CT模体校准规范 C. S. of Medical Diagnostical X-ray Radiation Source for Computer Tomography (CT) Phantom	
JJF 1269—2010	压电集合电路传感器(IEPE)放大器校准规范 C. S. for IEPE Amplifiers	
JJF 1270—2010	温度、湿度、振动综合环境试验系统校准规范 C. S. for Temperatuer/Humidity/Vibration Combined Environmental Testing System	
JJF 1271—2010	公路运输模拟试验台校准规范 C. S. for Simulation Test-bed for Road Transportation	
JJF 1272—2011	阻容法露点湿度计校准规范 C. S. for Resistance and Capacitance Dew Point Hygrometer	
JJF 1273—2011	磁粉探伤机校准规范 C. S. for Magnetic Particle Flaw Detectors	

现行规范号	规 范 名 称	被代替规范号
JJF 1274—2011	运动黏度测定器校准规范 C. S. for Kinematic Viscosity Tester	
JJF 1275—2011	X射线安全检查仪校准规范 C. S. for X-ray Security Inspection Equipment	
JJF 1276—2011	宽带码分多址接入(WCDMA)数字移动通信综合测试仪校准规范 C. S. for WCDMA Digital Radio Communication Testers	
JJF 1277—2011	无线局域网测试仪校准规范 C. S. for WLAN Test Set	
JJF 1278—2011	蓝牙测试仪校准规范 C. S. for Bluetooth Test Set	
JJF 1279—2011	单机型和集中管理分散计费型电话计时计费器型式评价大纲 P. P. E. of Single and Dispersion Controled Centrely Telephone Accounter	
JJF 1280—2011	容栅数显标尺校准规范 C. S. for Capacitive Digital Scale Units	
JJF 1281—2011	烟草填充值测定仪校准规范 C. S. for Cut Tobacco Filling Power Tester	
JJF 1282—2011	电子式时间继电器校准规范 C. S. for Electronic Time Relay	

现行规范号	规 范 名 称	被代替规范号
JJF 1283—2011	剩余电流动作保护器动作特性检测仪校准规范 C.S. for Residual Current Operated Protective Device Operated Characteristic Tester	
JJF 1284—2011	交直流电表校验仪校准规范 C.S. of Calibrator for Electrical Meters	
JJF 1285—2011	表面电阻测试仪校准规范 C.S. for Surface Resistance Tester	
JJF 1286—2011	无线信道模拟器校准规范 C.S. for Wireless Channel Emulator	
JJF 1287—2011	澄明度检测仪校准规范 C.S. for Clarity Test Equipment	
JJF 1288—2011	多通道声分析仪校准规范 C.S. for Multi-Channels Sound Analyzers	
JJF 1289—2011	耳声发射测量仪校准规范 C.S. for Measurement Instruments of Otoacoustic Emissions	
JJF 1290—2011	微粒检测仪校准规范 C.S. for Particulate Analyzer	
JJF 1291—2019	验光仪型式评价大纲 P.P.E. of Eye Refractomenters	JJF 1291—2011
JJF 1292—2011	焦度计型式评价大纲 P.P.E. of Focimeters	

现行规范号	规 范 名 称	被代替规范号
JJF 1293—2011	静电激励器校准规范 C.S. for Electrostatic Actuators	
JJF 1294—2011	超声探伤仪换能器校准规范 C.S. for Transducers of Ultrasonic Flaw Detector	
JJF 1295—2011	悬臂梁式冲击试验机型式评价大纲 P.P.E. of Cantilever Beam Impact Testing Machines	
JJF 1296.1—2011	静力单轴试验机型式评价大纲 第1部分:电子式万能试验机 P.P.E. of Static Uniaxial Testing Machines—Part 1: Electronic Universal Testing Machines	
JJF 1296.2—2011	静力单轴试验机型式评价大纲 第2部分:电液伺服万能试验机 P.P.E. of Static Uniaxial Testing Machines—Part 2: Electro-hydraulic Servo Universal Testing Machines	
JJF 1296.3—2011	静力单轴试验机型式评价大纲 第3部分:液压式万能试验机 P.P.E. of Static Uniaxial Testing Machines—Part 3: Hydraulic Universal Testing Machines	
JJF 1297—2011	杯突试验机型式评价大纲 P.P.E. of Cupping Testing Machine	

现行规范号	规 范 名 称	被代替规范号
JJF 1298—2011	高温蠕变、持久强度试验机型式评价大纲 P. P. E. of High-Temperature Creep and Stress - Rupture Testing Machines	
JJF 1299—2011	扭转试验机型式评价大纲 P. P. E. of Torsion Testing Machines	
JJF 1300—2011	摆锤式冲击试验机型式评价大纲 P. P. E. of Pendulum Impact Testing Machines	
JJF 1301—2011	抗折试验机型式评价大纲 P. P. E. of Flexure Testing Machines for Strength	
JJF 1302—2011	光学经纬仪型式评价大纲 P.P.E. for Optical Theodolites	
JJF 1303—2011	雾度计校准规范 C. S. for Hazemeter	
JJF 1304—2011	量块比较仪校准规范 C. S. for Gauge Block Comparators	
JJF 1305—2011	线位移传感器校准规范 C. S. for Linear Displacement Sensors	

现行规范号	规 范 名 称	被代替规范号
JJF 1306—2011	X射线荧光镀层测厚仪校准规范 C.S. for X-Ray Fluorescence Coating Thickness Instruments	
JJF 1307—2011	试模校准规范 C.S. for Moulds	
JJF 1308—2011	医用热力灭菌设备温度计校准规范 C.S. for thermometers of Clinic Autoclave	
JJF 1309—2011	温度校准仪校准规范 C.S. of Temperature Indicators and Simulators by Electrical Simulation and Measurement	
JJF 1310—2011	电子塞规校准规范 C.S. for Electronic Plug Gauges	
JJF 1311—2011	固结仪校准规范 C.S. for Oedometers	
JJF 1312—2011	AO型邵氏硬度计校准规范 C.S. for Shore AO Durometers	
JJF 1313—2011	手持式测距仪型式评价大纲 P.P.E. for Hand-held Distance Instruments	
JJF 1314—2011	气体层流流量传感器型式评价大纲 P.P.E. for Gas Laminar Flow Transducers	

现行规范号	规范名称	被代替规范号
JJF 1315.1—2011	疲劳试验机型式评价大纲 第1部分:轴向加荷疲劳试验机 P.P.E. for Fatigue Testing Machines—Part 1: Axial Force-applied Fatigue Testing Machines	
JJF 1315.2—2011	疲劳试验机型式评价大纲 第2部分:旋转纯弯曲疲劳试验机 P.P.E. for Fatigue Testing Machines—Part 2: Rotating Pure Bending Fatigue Testing Machines	
JJF 1316—2011	血液黏度计校准规范 C.S. for Blood Viscometers	
JJF 1317—2011	液相色谱-质谱联用仪校准规范 C.S. for Liquid Chromatography-Mass Spectrometers	
JJF 1318—2011	影像测量仪校准规范 C.S. for Imaging Probe Measuring Machines	
JJF 1319—2011	傅立叶变换红外光谱仪校准规范 C.S. for Fourier Transform Infrared Spectrometers	
JJF 1320—2011	仪器化夏比摆锤冲击试验机校准规范 C.S. for Instrumented Charpy Pendulum Impact Testing Machines	

现行规范号	规 范 名 称	被代替规范号
JJF 1321—2011	元素分析仪校准规范 C.S. for Elemental Analyzers	
JJF 1322—2011	水准仪型式评价大纲 P.P.E. for Levels	
JJF 1323—2011	电子经纬仪型式评价大纲 P.P.E. for Electronic Theodolites	
JJF 1324—2011	脉冲激光测距仪校准规范 C.S. for Pulsed Laser Rangefinders	
JJF 1325—2011	通信用光回波损耗仪校准规范 C.S. for Optical Return Loss Meter for Telecommunication	
JJF 1326—2011	质量比较仪校准规范 C.S. for Mass Comparators	
JJF 1327—2011	离子计型式评价大纲 P.P.E. of Ion Meters	
JJF 1328—2011	带弹簧管压力表的气体减压器校准规范 C.S. for Pressure Regulator with Bourdon Tube Pressure Gauge	
JJF 1329—2011	瞬态光谱仪校准规范 C.S. for Instantaneous Spectral Instruments	
JJF 1330—2011	瞬态有效光强测定仪校准规范 C.S. for Instantaneous Effective Intensity Tester	

现行规范号	规 范 名 称	被代替规范号
JJF 1331—2011	电感测微仪校准规范 C.S. for Inductive Micrometers	JJG 396—2002
JJF 1332—2011	烟尘采样器型式评价大纲 P.P.E. of Samplers for Stack Dust	
JJF 1333—2012	数字指示轨道衡型式评价大纲 P.P.E. for Digital Indication Rail-weighbridges	
JJF 1334—2012	混凝土裂缝宽度及深度测量仪校准规范 C.S. for Concrete Crack Width and Depth Measuring Instruments	
JJF 1335—2012	定角式雷达测速仪型式评价大纲 P.P.E. of Fixed-angle Radar Speed Measurement Devices	
JJF 1336—2012	非自动秤(非自行指示秤)型式评价大纲 P.P.E. for Nonautomatic Weighing Instrument (Non-self-indicating Weighing Instruments)	JJG 555—1996 中有关"非自行指示秤"的规定
JJF 1337—2012	声发射传感器校准规范(比较法) C.S. for Acoustic Emission Sensors (Comparative Method)	
JJF 1338—2012	相控阵超声探伤仪校准规范 C.S. for Ultrasonic Phased Array Flaw Detectors	

现行规范号	规范名称	被代替规范号
JJF 1339—2012	电声测试仪校准规范 C.S. for Electro-acoustical Measurement Instruments	
JJF 1340—2012	20Hz～2000Hz 矢量水听器校准规范 C.S. for Vector Hydrophones in Frequency Range 20Hz to 2 000Hz	
JJF 1341—2012	钢筋锈蚀测量仪校准规范 C.S. for Steel Bar Tarnish Measuring Instruments	
JJF 1342—2012	标准物质研制(生产)机构通用要求 General Requirements for Reference Material Producers	
JJF 1343—2012	标准物质定值的通用原则及统计学原理 General and Statistical Principles for Characterization of Reference Materials	
JJF 1344—2012	气体标准物质研制(生产)通用技术要求 General Technical Requirements for Producing Gas Reference Materials	
JJF 1345—2012*	圆柱螺纹量规校准规范 C.S. for Cylindrical Thread Gauges	JJG 888—1995

现行规范号	规 范 名 称	被代替规范号
JJF 1346—2012	次声及超声滤波器校准规范 C.S. for Infrasonic and Ultrasonic Filters	
JJF 1347—2012	全球定位系统(GPS)接收机(测地型)型式评价大纲 P.P.E. for Global Positioning System (GPS) Receivers (Geodesic)	
JJF 1348—2012	水中油分浓度分析仪型式评价大纲 P.P.E. of Analyzers for Oil Content in Water	
JJF 1349—2012	工具经纬仪校准规范 C.S. for Tool Theodolites	
JJF 1350—2012	陀螺经纬仪校准规范 C.S. for Gyrotheodolites	
JJF 1351—2012	扫描探针显微镜校准规范 C.S. for Scanning Probe Microscopes	
JJF 1352—2012	角位移传感器校准规范 C.S. for Angular-Position Transducers/Sensors	
JJF 1353—2012	血液透析装置校准规范 C.S. for Hemodialysis Equipment	

现行规范号	规 范 名 称	被代替规范号
JJF 1354—2012	膜式燃气表型式评价大纲 P. P. E. of Diaphragm Gas Meters	JJG 577—2005 附录 A 型式评价大纲
JJF 1355—2012	非自动秤(模拟指示秤)型式评价大纲 P. P. E. for Non-automatic Weighing Instruments (Analogue Indicating Weighing Instruments)	JJG 555—1996 模拟指示秤 部分
JJF 1356—2012	重点用能单位能源计量审查规范 The Rules for the Examination of the Energy Measuring in Key Organization of Energy Using	
JJF 1357—2012	湿式气体流量计校准规范 C. S. for Wet Gas Meters	
JJF 1358—2012	非实流法校准 DN1000 ~ DN15000 液体超声流量计校准规范 C. S. for DN1000 ~ DN15000 Liquid Ultrasonic Flowmeters Calibration by Non Practical Flow Method	
JJF 1359—2012	自动轨道衡(动态称量轨道衡)型式评价大纲 P. P. E. for Automatic Rail-weighbridges (Motion Weighing Railway Track Scale)	

现行规范号	规 范 名 称	被代替规范号
JJF 1360—2012	滑行时间检测仪校准规范 C.S. for Coast-down Time Testers	
JJF 1361—2012	化学发光法氮氧化物分析仪型式评价大纲 P.P.E. of Chemiluminescent NO/NO_x Analyzers	
JJF 1362—2012	烟气分析仪型式评价大纲 P.P.E. of Flue Gas Analyzers	
JJF 1363—2019	硫化氢气体检测仪型式评价大纲 P.P.E. of Sulfur Hydrogen Gas Detectors	JJF 1363—2012
JJF 1364—2012	二氧化硫气体检测仪型式评价大纲 P.P.E. of Sulfur Dioxide Gas Detectors	
JJF 1365—2012	数字指示秤软件可信度测评方法 Testing Method for Software Credibility of Digital Indicating Weighing Instruments	
JJF 1366—2012	温度数据采集仪校准规范 C.S. of Temperature Data Acquisition Instruments	
JJF 1367—2012	烘干法水分测定仪型式评价大纲 P.P.E. of Thermogravimetric Moisture Meters	

现行规范号	规 范 名 称	被代替规范号
JJF 1368—2012	可燃气体检测报警器型式评价大纲 P. P. E. of Combustible-Gas Alarm Detectors	
JJF 1369—2012	压缩天然气加气机型式评价大纲 P. P. E. of Compressed Natural Gas Dispensers	JJG 996—2005 附录 A 型式评价大纲
JJF 1370—2012	正弦法力传感器动态特性校准规范 C. S. for Dynamic Characteristics of Force Transducer under Sinusoidal Loading	
JJF 1371—2012	加速度型滚动轴承振动测量仪校准规范 C. S. for Vibrometer (Acceleration) of Rolling Bearings	
JJF 1372—2012	贯入式砂浆强度检测仪校准规范 C. S. for Instrument of Testing Mortar-strength by Penetration Resistance Method	
JJF 1373—2012	动弹仪校准规范 C. S. for Dynamic Elastic Modulus Measurement Instruments	
JJF 1374—2012	电梯限速器测试仪校准规范 C. S. for Elevator Overspeed Governor Testers	

现行规范号	规范名称	被代替规范号
JJF 1375—2012	机动车发动机转速测量仪校准规范 C.S. for motor Vehicle engine speed measuring instruments	
JJF 1376—2012	箱式电阻炉校准规范 C.S. for Box type Resistance Furnace	
JJF 1377—2012	水准式车轮定位测量仪校准规范 C.S. for wheel alignment testers of level type	
JJF 1378—2012	耐电压测试仪型式评价大纲 P. P. E. of Withstanding Voltage Testers	
JJF 1379—2012	热敏电阻测温仪校准规范 C.S. of Thermistor Thermometers	JJG 363—1984 JJG 367—1984
JJF 1380—2012	电容法和电阻法谷物水分测定仪型式评价大纲 P. P. E. of Capacitive and Resistive Grain Moisture Testers	
JJF 1381—2012	原棉水分测定仪型式评价大纲 P. P. E. of Raw Cotton Moisture Testers	
JJF 1382—2012	荧光分光光度计型式评价大纲 P.P.E.of Fluorescence Spectrophotometers	

现行规范号	规 范 名 称	被代替规范号
JJF 1383—2012	便携式血糖分析仪校准规范 C.S. for Portable Blood Glucose Meters	
JJF 1384—2012	开口/闭口闪点测定仪校准规范 C.S. for Open/Closed Cup Flash Point Testers	
JJF 1385—2012	汽油车简易瞬态工况法用流量分析仪校准规范 C.S. of Flow Analyzer for Short Transient Loaded Mode of Gasoline Vehicles	
JJF 1386—2013	中功率计校准规范 C.S. for Medium Power Meters	
JJF 1387—2013	矢量示波器校准规范 C.S. for Vectorscopes	
JJF 1388—2013	数字脑电图机及脑电地形图仪型式评价大纲 P.P.E. of Digital Electroencephalogram Mapping & Brain Activity Mapping	
JJF 1389—2013	数字心电图机型式评价大纲 P.P.E. of Digital Electrocardiographs	

现行规范号	规 范 名 称	被代替规范号
JJF 1390—2013	脑电图机型式评价大纲 P. P. E. of Electroencephalographs	
JJF 1391—2013	心电图机型式评价大纲 P. P. E. of Electrocardiograph	
JJF 1392—2013	动态(可移动)心电图机型式评价大纲 P. P. E. of Ambulatory Electrocardiographs	
JJF 1393—2013	心电监护仪型式评价大纲 P. P. E. of Electrocardiographic Monitors	
JJF 1394—2013	无线路测仪校准规范 C. S. for Wireless Network Testers	
JJF 1395—2013	音频分析仪校准规范 C. S. for Audio Analyzer	
JJF 1396—2013	频谱分析仪校准规范 C. S. for Spectrum Analyzer	JJG 501—2000
JJF 1397—2013	静电放电模拟器校准规范 C. S. for Electrostatic Discharge Simulators	
JJF 1400—2013	时间继电器测试仪校准规范 C. S. for Time Relay Testers	
JJF 1401—2013	振弦式频率读数仪校准规范 C. S. for Vibrating Wire Frequency Readouts	

现行规范号	规范名称	被代替规范号
JJF 1402—2013	生物显微镜校准规范 C.S. for Biological Microscopes	
JJF 1403—2013	全球导航卫星系统(GNSS)接收机(时间测量型)校准规范 C.S. for GNSS Receivers Used in Time Measurement	
JJF 1404—2013	大气采样器型式评价大纲 P.P.E.of Air Samplers	
JJF 1405—2013	总有机碳分析仪型式评价大纲 P.P.E.of Total Organic Carbon Analyzers	
JJF 1406—2013	地面激光扫描仪校准规范 C.S. for Terrestrial Laser Scanners	
JJF 1407—2013	WBGT指数仪温度计校准规范 C.S. for Thermometers of WBGT-index Meters	
JJF 1408—2013	关节臂式坐标测量机校准规范 C.S. for Articulated Arm Coordinate Measuring Machines	
JJF 1409—2013	表面温度计校准规范 C.S. for the Surface Thermometers	JJG 364—1994
JJF 1410—2013	丝杠动态行程测量仪校准规范 C.S. for Dynamical Screw Travel Testers	JJG 671—1990

现行规范号	规 范 名 称	被代替规范号
JJF 1411—2013	测量内尺寸千分尺校准规范 C.S. for Micrometers of Measuring Inside Dimension	JJF 1091—2002
JJF 1412—2013	临床用变色体温计校准规范 C.S. for Clinical Color Change Thermometers	
JJF 1413—2013	轮胎压力表型式评价大纲 P.P.E. of Tyre Pressure Gauges	
JJF 1414—2013	弹性元件式精密压力表和真空表型式评价大纲 P.P.E. of Elastic Element Precise Pressure Gauges and Vacuum Gauges	
JJF 1415—2013	弹性元件式一般压力表、压力真空表和真空表型式评价大纲 P.P.E. of Elastic Element Pressure Gauges, Pressure-Vacuum Gauges and Vacuum Gauges for General Use	
JJF 1416—2013	数字压力计型式评价大纲 P.P.E. of Digital Pressure Gauges	
JJF 1417—2013	压陷式眼压计型式评价大纲 P.P.E. of Impression Tonometers	
JJF 1418—2013	压力控制器型式评价大纲 P.P.E. of Pressure Controller	

现行规范号	规 范 名 称	被代替规范号
JJF 1419—2013	浮标式氧气吸入器型式评价大纲 P.P.E. of Buoy Type Oxygen Inhalator	
JJF 1420—2013	血压计和血压表型式评价大纲 P.P.E. of Sphygmomanometers	
JJF 1421—2013	一氧化碳检测报警器型式评价大纲 P.P.E. of Carbon Monoxide Monitors	
JJF 1422—2013	坐标测量球校准规范 C.S. for Coordinate Measuring Spheres	
JJF 1423—2013	π尺校准规范 C.S. for Pi Tapes	
JJF 1424—2013	氨氮自动监测仪型式评价大纲 P.P.E. of Ammonia-Nitrogen Automatic Analyzers	
JJF 1425—2013	硝酸盐氮自动监测仪型式评价大纲 P.P.E. of Nitrate-Nitrogen Automatic Analyzers	
JJF 1426—2013	双离心机法线加速度计动态特性校准规范 C.S. for Dynamic Parameters of Linear Accelerometer Used Double Centrifuge	

现行规范号	规 范 名 称	被代替规范号
JJF 1427—2013	微机电(MEMS)线加速度计校准规范 C.S. for MEMS Linear Accelerometers	
JJF 1428—2013	光纤偏振模色散测试仪校准规范 C.S. for Fiber Polarization Mode Dispersion Testers	
JJF 1429—2013	红外乳腺检查仪校准规范 C.S. for Infrared Mammary Gland Examining Equipments	
JJF 1430—2013	X射线计时器校准规范 C.S. for X-ray Timers	
JJF 1431—2013	风电场用磁电式风速传感器校准规范 C.S. for Magnetoelectricity Wind Sensor for Wind Farm	
JJF 1432—2013	医用X射线非介入曝光时间表校准规范 C.S. for Medical Diagnostics X-Ray Non-Invasive Exposure Time Meters	
JJF 1433—2013	氯气检测报警仪校准规范 C.S. for Chlorine Alarm Detectors	
JJF 1436—2013	超声硬度计校准规范 C.S. for Ultrasonic Hardness Testers	JJG 654—1990

现行规范号	规范名称	被代替规范号
JJF 1437—2013	示波器电压探头校准规范 C.S. for Oscilloscope Voltage Probes	
JJF 1438—2013	彩色多普勒超声诊断仪(血流测量部分)校准规范 C.S. for Color Doppler Ultrasound Diagnostic Equipments - Blood Flow Measurement	
JJF 1439—2013	静力触探仪校准规范 C.S. for Static Cone Penetrometers	
JJF 1440—2013	混合式油罐测量系统校准规范 C.S. for Hybrid Tank Measurement System	
JJF 1441—2013	覆膜电极溶解氧测定仪型式评价大纲 P.P.E. of Dissolved Oxygen Meter With Covered - Membrane - Electrode	
JJF 1442—2014	宽带同轴噪声发生器校准规范 C.S. for Broadband Coaxial Noise Generators	
JJF 1443—2014	LTE数字移动通信综合测试仪校准规范 C.S. for LTE Digital Radio Communication Tester	

现行规范号	规范名称	被代替规范号
JJF 1444—2014	直流比较仪式测温电桥校准规范 C.S. for D.C. Comparator Bridges for Measuring Temperatures	
JJF 1445—2014	落锤式冲击试验机校准规范 C.S. for Falling Weight Impact Testing Machines	
JJF 1446—2014	阻抗管校准规范(传递函数法) C.S. for Impedance Tubes (Transfer Function Method)	
JJF 1447—2014	衍射时差法超声探伤仪校准规范 C.S. for Ultrasonic Flaw Detectors by Time-of-Flight Diffraction	
JJF 1448—2014	超导脉冲傅里叶变换核磁共振谱仪校准规范 C.S. for Superconducting Pulsed Fourier Transform Nuclear Magnetic Resonance Spectrometers	
JJF 1449—2014	崩解时限测试仪校准规范 C.S. for Disintegration Analyzers	
JJF 1450—2014	轻便磁感风向风速表型式评价大纲 P.P.E. of Portable Induction Anemometer	

现行规范号	规 范 名 称	被代替规范号
JJF 1451—2014	轻便三杯风向风速表型式评价大纲 P.P.E. of Portable 3-cup Anemometer	
JJF 1452—2014	电接风向风速仪型式评价大纲 P.P.E. of Contact Anemorumbometer	
JJF 1453—2014	角运动传感器(角冲击绝对法)校准规范 C.S. for Angular Motion Transducers (Primary Angular Shock)	
JJF 1454—2014	数字抖动仪校准规范 C.S. for Digital Jitter Meter	
JJF 1455—2014	电视视频信号分析仪校准规范 C.S. for Television Video Signal Analyzer	
JJF 1456—2014	通信用光偏振度测试仪校准规范 C.S. of Optical Degree of Polarization Meter for Telecommunications	
JJF 1457—2014	线缆测试仪校准规范 C.S. for Cable Testers	
JJF 1458—2014	磁轭式磁粉探伤机校准规范 C.S. for Magnetic Yoke Detectors	

现行规范号	规 范 名 称	被代替规范号
JJF 1459—2014	医用诊断 X 射线管电荷量(mAs)计校准规范 C.S. for Exposure Coulometers used in Medical Diagnostic X-ray Radiation Sources	
JJF 1460—2014	噪声系数分析仪校准规范 C.S. for Noise Figure Analyzers	JJG 839—1993
JJF 1461—2014	小功率传递标准校准规范 C.S. for Lower Power Transfer Standards	
JJF 1462—2014	直流电子负载校准规范 C.S. for DC Electronic Loads	
JJF 1463—2014	无源互调测试仪校准规范 C.S. for Passive Intermodulation Analyzers	
JJF 1464—2014	界面张力仪校准规范 C.S. for Interface Tensiometers	
JJF 1465—2014	丝网张力计校准规范 C.S. for Screen Tension Meters	
JJF 1466—2014	针管刚性测量仪校准规范 C.S. for Stiffness Testers of Needle Tubing	
JJF 1467—2014	数字音频源校准规范 C.S. for Digital Audio Sources	

现行规范号	规 范 名 称	被代替规范号
JJF 1468—2014	无指向性声源校准规范 C.S. for Omnidirectional Sound Sources	
JJF 1469—2014	应变式传感器测量仪校准规范 C.S. for Measuring Instrumentations for Strain Gauge Transducer	
JJF 1470—2014	多参数生理模拟仪校准规范 C.S. for Multiparameter Physiological Simulators	
JJF 1471—2014	全球导航卫星系统(GNSS)信号模拟器校准规范 C.S. for GNSS Signal Simulators	
JJF 1472—2014	过程仪表校验仪校准规范 C.S. for Process Calibrators	
JJF 1473—2014	医用诊断 X 射线非介入电流仪校准规范 C.S. for Medical Diagnostic X-ray Non-invasive Current Meters	
JJF 1474—2014	医用诊断 X 射线非介入式管电压表校准规范 C.S. for Non-invasive X-ray Tube Voltage Meters Used in Medical Diagnosis	
JJF 1475—2014	弹簧冲击器校准规范 C.S. for Spring Hammers	

现行规范号	规 范 名 称	被代替规范号
JJF 1476—2014	表面轮廓表校准规范 C.S. for Surface Profile Gauges	
JJF 1477—2014	轮胎花纹深度尺校准规范 C.S. for Tire Tread Depth Gauges	
JJF 1478—2014	高强螺栓检测仪校准规范 C.S. for High Strength Bolt Testers	
JJF 1479—2014	剂量面积乘积仪校准规范 C.S. for Dose Area Product Meters	
JJF 1480—2014	液体闪烁计数器校准规范 C.S. for Liquid-scintillation Counting System	
JJF 1481—2014	汽车排放气体测试仪型式评价大纲 P.P.E. of Vehicle Exhaust Emissions Measuring Instrument	
JJF 1482—2014	透射式烟度计型式评价大纲 P.P.E. of Opacimeters	
JJF 1483—2014	滤纸式烟度计型式评价大纲 P.P.E. of Filter-Type Smokemeters	
JJF 1484—2014	湿膜厚度测量规校准规范 C.S. for Wet Film Thickness Gauges	
JJF 1485—2014	圆度定标块校准规范 C.S. for Roundness Flick Calibration Standard	

现行规范号	规 范 名 称	被代替规范号
JJF 1486—2014	非接触式汽车速度计校准装置校准规范 C.S. for Calibration Devices of Non-contact Automotive Speedmeters	
JJF 1487—2014	超声波探伤试块校准规范 C.S. for Blocks used in Ultrasonic Testing	
JJF 1488—2014	橡胶、塑料薄膜测厚仪校准规范 C.S. for Rubber and Plastic Film Gage	
JJF 1489—2014	四轮定位仪校准装置校准规范 C.S. for Calibration Devices of Four-wheel Aligner	
JJF 1490—2014	恒定带宽滤波器校准规范 C.S. for Constant Bandwidth Filters	
JJF 1491—2014	数字式交流电参数测量仪校准规范 C.S. for Digital AC Electrical Parameters Meter	
JJF 1492—2014	反射式光密度计校准规范 C.S. for Reflection Densitometers	
JJF 1493—2014	超短光脉冲自相关仪校准规范 C.S. for Ultrashort Optical Pulses Autocorrelators	
JJF 1494—2014	网络线缆分析仪校准规范 C.S. for Network Cable Analyzers	

现行规范号	规 范 名 称	被代替规范号
JJF 1495—2014	矢量网络分析仪校准规范 C.S. for Vector Network Analyzers	
JJF 1496—2014	声源识别定位系统（波束形成法）校准规范 C.S. for Sound Source Identification and Localization Systems (Beam-forming Method)	
JJF 1497—2014	偏光仪校准规范 C.S. for Polarimeters	
JJF 1498—2014	高速串行误码仪校准规范 C.S. for High Speed Serial BERT	
JJF 1500—2014	液化石油气加气机型式评价大纲 P.P.E. of Liquefied Petroleum Gas Dispenser	JJG 997—2005 附录 A
JJF 1501—2015	小功率 LED 单管校准规范 C.S. for Single Low Power LED	
JJF 1502—2015	基准镇流器校准规范 C.S. for Reference Ballasts	
JJF 1503—2015	电容薄膜真空计校准规范 C.S. for Capacitance Diaphragm Vacuum Gauges	
JJF 1504—2015	空气超声测量仪校准规范 C.S. for Air Ultrasound Measuring Instruments	

现行规范号	规 范 名 称	被代替规范号
JJF 1505—2015	声发射检测仪校准规范 C. S. for Acoustic Emission Instrumentation	
JJF 1506—2015	适调放大器校准规范 C. S. for Conditioning Amplifiers	
JJF 1507—2015	标准物质的选择与应用 The Selection and Use of Reference Materials	
JJF 1508—2015	同位素丰度测量基准方法 Primary Method of Isotopic Abundance Measurement	
JJF 1509—2015	电阻应变式压力传感器型式评价大纲 P. P. E. of Pressure Transducer	
JJF 1510—2015	靶式流量计型式评价大纲 P. P. E. of Target Flowmeter	
JJF 1511—2015	记录式压力表、压力真空表及真空表型式评价大纲 P. P. E. of the Record Pressure Gauges, Pressure-Vacuum Gauges and Vacuum Gauges	
JJF 1512—2015	液相色谱仪型式评价大纲 P. P. E. of Liquid Chromatographys	

现行规范号	规 范 名 称	被代替规范号
JJF 1516—2015	非铁磁金属电导率样(标)块校准规范 C.S. for Electrical Conductivity Standards of Nonferrous Metals	
JJF 1517—2015	非接触式静电电压测量仪校准规范 C.S. for Contactless Electrostatic Voltage Measuring Instruments	
JJF 1518—2015	医用超声声场测量系统校准规范 C.S. for Medical Ultrasonic Field Measurement Systems	
JJF 1519—2015	磁通门磁强计校准规范 C.S. for Fluxgate Magnetometer	
JJF 1520—2015	声学用头和躯干模拟器校准规范 C.S. for Head and Torso Simulator Used in Acoustical Measurement	
JJF 1521—2015	燃油加油机型式评价大纲 P.P.E. of Fuel Dispensers	JJG 443—2006 附录 A
JJF 1522—2015	热水水表型式评价大纲 P.P.E. of Hot Water Meters	JJG 686—2006 型式评价大纲部分

现行规范号	规 范 名 称	被代替规范号
JJF 1523—2015	一氧化碳、二氧化碳红外线气体分析器型式评价大纲 P.P.E. of Carbon Monoxide and Carbon Dioxide Infrared Gas Analyzers	
JJF 1524—2015	液化天然气加气机型式评价大纲 P.P.E. of Liquefied Natural Gas Dispensers	
JJF 1525—2015	氙弧灯人工气候老化试验装置辐射照度参数校准规范 C.S. for Irradiance of Artificial Accelerated Weathering Apparatus of Xenon Arc Lamp	
JJF 1526—2015	石油产品颜色分析仪及比色板校准规范 C.S. for Petroleum Products Colorimeter & Filters	
JJF 1527—2015	聚合酶链反应分析仪校准规范 C.S. for Polymerase Chain Reaction Analyzers	
JJF 1528—2015	飞行时间质谱仪校准规范 C.S. for Time-of-Flight Mass Spectrometers	
JJF 1529—2015	细菌内毒素分析仪校准规范 C.S. for Bacterial Endotoxin Analyzers	

现行规范号	规范名称	被代替规范号
JJF 1530—2015	凝胶成像系统校准规范 C. S. for Gel Documentation Systems	
JJF 1531—2015	傅立叶变换质谱仪校准规范 C. S. for Fourier Transform Mass Spectrometers	
JJF 1532—2015	基带衰落模拟器校准规范 C. S. for Baseband Fading Simulators	
JJF 1533—2015	白噪声信号发生器校准规范 C. S. for White Gaussian Noise Generators	
JJF 1534—2015	数据网络性能测试仪校准规范 C. S. for Data Network Performance Tasters	
JJF 1535—2015	微机电(MEMS)陀螺仪校准规范 C. S. for MEMS Gyroscopes	
JJF 1536—2015	捷联式惯性航姿仪校准规范 C. S. for Strapdown Intertial Flight Attitudes	
JJF 1537—2015	陀螺仪动态特性校准规范 C. S. for Gyroscopes with Dyramic Features	

现行规范号	规 范 名 称	被代替规范号
JJF 1539—2015	硅酸根分析仪校准规范 C.S. for Silicate Analyzers	
JJF 1540—2015	在线绕组温升测试仪校准规范 C.S. for Online Testers of Winding Temperature Rise	
JJF 1541—2015	血液透析装置检测仪校准规范 C.S. for Hemodialysis Equipment Tester	
JJF 1542—2015	血氧饱和度模拟仪校准规范 C.S. for SpO_2 Simulator	
JJF 1543—2015	视觉电生理仪校准规范 C.S. for Visual Electrophysiological Instruments	
JJF 1544—2015	拉曼光谱仪校准规范 C.S. for Raman Spectrometers	
JJF 1545—2015	圆锥滚子轴承套圈滚道直径、角度测量仪校准规范 C.S. for Testers for Measueing Raceway Diameter and Angle of Tapered Roller Bearing Ring	JJG 886—1995
JJF 1546—2015	逆反射标准板校准规范 C.S. for Retroreflective Standard Plates	

现行规范号	规 范 名 称	被代替规范号
JJF 1547—2015	在线 pH 计校准规范 C.S. for On-line pH Meters	
JJF 1548—2015	楔形塞尺校准规范 C.S. for Wedge-Shape Filler Gauges	
JJF 1549—2015	光电探测器宽带测试仪校准规范 C.S. for Photodetector Bandwidth Measuring Instruments	
JJF 1550—2015	钻孔测斜仪校准规范 C.S. for Borehole Clinometers	
JJF 1551—2015	附着系数测试仪校准规范 C.S. for Adhesion Coefficient Testers	
JJF 1552—2015	辐射测温用－10℃～200℃黑体辐射源校准规范 C.S. for Blackbody Radiation Sources for Radiation Thermometry from －10℃ to 200℃	
JJF 1553—2015	摆锤式撕裂度仪校准规范 C.S. for Pendulum Tear Instruments	
JJF 1554—2015	旋进旋涡流量计型式评价大纲 P.P.E. of Vortex Precession Flowmeters	

现行规范号	规 范 名 称	被代替规范号
JJF 1555—2015	倍频程和1/3倍频程滤波器型式评价大纲 P.P.E. of Octave-Band and Third-Octave-Band Filters	JJG 449—2001 型式评价部分
JJF 1556—2016	超声仿组织模体校准规范 C.S. for Ultrasound Phantoms	
JJF 1557—2016	圆柱直齿渐开线花键量规校准规范 C.S. for Straight Cylindrical Involute Spline Gauges	
JJF 1558—2016	测量用变频电量变送器校准规范 C.S. for Variable Frequency Electrical Quantity Transducers for Measuring	
JJF 1559—2016	变频电量分析仪校准规范 C.S. for Variable Frequency Electrical Quantity Analyzers	
JJF 1560—2016	多分量力传感器校准规范 C.S. for Multi-component Force Transducers	
JJF 1561—2016	齿轮测量中心校准规范 C.S. for Gear Measuring Centers	
JJF 1562—2016	凝结核粒子计数器校准规范 C.S. for Condensation Particle Counters	

现行规范号	规范名称	被代替规范号
JJF 1563—2016	色谱数据工作站校准规范 C. S. for Workstation of Chromatographic Data	
JJF 1564—2016	温湿度标准箱校准规范 C. S. for Temperature and Humidity Standard Chambers	
JJF 1565—2016	重金属水质在线分析仪校准规范 C. S. for Water Quality On-line Analyzers of Heavy Metals	
JJF 1566—2016	运输包装件水平冲击试验系统校准规范 C. S. for Transport Packages Horizontal Impact Test System	
JJF 1567—2016	磷酸根分析仪校准规范 C. S. for Phosphates Analyzers	
JJF 1568—2016	分光光度法流动分析仪校准规范 C. S. for Flow Analyzers with Spectrophotography	
JJF 1569—2016	溴价、溴指数测定仪校准规范 C. S. for Bromine Number and Bromine Index Meters	
JJF 1570—2016	现场动平衡测量分析仪校准规范 C. S. for Dynamic Balance Measuring Instruments	

现行规范号	规 范 名 称	被代替规范号
JJF 1571—2016	海水浊度测量仪校准规范 C.S. for Seawater Turbidity Analyzers	
JJF 1572—2016	辐射热计校准规范 C.S. for Radiation Fluxmeters	
JJF 1573—2016	旋光仪及旋光糖量计型式评价大纲 P.P.E. of Polarimeters and Polarimetric Saccharimeters	
JJF 1574—2016	原子吸收分光光度计型式评价大纲 P.P.E. of Atomic Absorption Spectrophotometers	
JJF 1575—2016	实验室 pH(酸度)计型式评价大纲 P.P.E. of Laboratory pH Meters	
JJF 1576—2016	红外人体表面温度快速筛检仪型式评价大纲 P.P.E. Infrared Devices for Instant Screening of Human Skin Tempersture	
JJF 1577—2016	红外耳温计型式评价大纲 P.P.E. of Infrared Ear Thermometers	

现行规范号	规 范 名 称	被代替规范号
JJF 1578—2016	网络预约出租汽车计程计时技术要求(试行) The Rules for Requirements of Calculating Mileage and Time for App-based Ride-hailing (for trial implementation)	
JJF 1578.1—2016	网络预约出租汽车经营服务平台计程计时验证方法(试行) Validation Method of Calculating Mileage and Time for App-based Ride-hailing Operation Service Platform (for trial implementation)	
JJF 1578.2—2016	网络预约出租汽车移动卫星定位终端计程计时检测方法(试行) Test Method of Calculating Mileage and Time for App-based Ride-hailing Mobile Satellite Position Terminal(for trial implementation)	
JJF 1578.3—2016	网络预约出租汽车车载卫星定位终端计程计时检测方法(试行) Test Method of Calculating Mileage and Time for App-based Ride-hailing On-board Satellite Position Terminal(for trial implementation)	

现行规范号	规 范 名 称	被代替规范号
JJF 1579—2016	测听设备 听觉诱发电位仪校准规范 C.S. for Audiometric Equipment: Instruments for the Measurement of Auditory Evoked Potential	
JJF 1580—2016	仿真嘴校准规范 C.S. for Artificial Mouths	
JJF 1581—2016	手持式声场型听力筛查仪校准规范 C.S. for Hand-held Sound Field Hearing Screening Equipments	
JJF 1582—2016	放射性(比)活度快速检测仪校准规范 C.S. for (Specific) Activity Rapid Detecting Instruments	
JJF 1583—2016	标准表法压缩天然气加气机检定装置校准规范 C.S. for Master Meter Method Verification Facility of Compressed Natural Gas Dispensers	
JJF 1584—2016	电流互感器伏安特性测试仪校准规范 C.S. for Current Transformer Volt-Ampere Characteristic Meters	

现行规范号	规 范 名 称	被代替规范号
JJF 1585—2016	固定污染源烟气排放连续监测系统校准规范 C.S. for Continuous Emission Monitoring Systems of Flue Gas Emitted from Stationary Source	
JJF 1586—2016	主动活塞式流量标准装置校准规范 C.S. for Active Piston Provers	
JJF 1587—2016	数字多用表校准规范 C.S. for Multimeters	JJG 315—1983 JJG 598—1989 JJG 724—1991
JJF 1588—2016	1 kHz～10 kHz 矢量水听器校准规范(自由场比较法) C.S. for Vector Hydrophones in Frequency Range 1kHz to 10kHz (Free-field Comparison Method)	
JJF 1589—2016	浮子流量计型式评价大纲 P.P.E. of Float Meters	JJG 257—2007 型式评价大纲部分
JJF 1590—2016	差压式流量计型式评价大纲 P.P.E. of Differential Pressure Type Flowmeters	
JJF 1591—2016	科里奥利质量流量计型式评价大纲 P.P.E. of Coriolis Mass Flow Meters	JJG 1038—2008 型式评价大纲部分

现行规范号	规 范 名 称	被代替规范号
JJF 1592—2016	纯音听力计型式评价大纲 P.P.E. of Pure-tone Audiometers	
JJF 1593—2016	针状、片状规准仪校准规范 C.S. for Needle and Flake Gages	
JJF 1594—2016	携带式洛氏硬度计校准规范 C.S. for Portable Rockwell Hardness Testers	
JJF 1595—2016	携带式布氏硬度计校准规范 C.S. for Portable Brinell Hardness Testers	JJG 411—1997 JJG 870—1994
JJF 1596—2016	X射线工业实时成像系统校准规范 C.S. for X-Ray Industry Real Time Imaging Systems	
JJF 1597—2016	直流稳定电源校准规范 C.S. for DC Stabilized Power Supplies	
JJF 1598—2016	气载放射性碘监测仪校准规范 C.S. for Airborne Radioactive Iodine Monitors	
JJF 1599—2016	标准房间空调器制冷量校准规范 C.S. for Total Cooling Capacity of Standard Room Air Conditioners	

现行规范号	规 范 名 称	被代替规范号
JJF 1600—2016	辐射型太赫兹功率计校准规范 C.S. for Terahertz Radiation Power Meters	
JJF 1601—2016	漫反射测量光谱仪校准规范 C.S. for Spectrophotometers for Diffuse Reflectance Measurement	
JJF 1602—2016	射频识别(RFID)测试仪校准规范 C.S. for Radio Frequency Identification Testers	
JJF 1603—2016	(0.1～2.5) THz 太赫兹光谱仪校准规范 C.S. for (0.1～2.5) THz Terahertz Spectrometers	
JJF 1604—2016	出租汽车计价器型式评价大纲 P.P.E. for Taximeters	JJG 517—2009 的附录 A
JJF 1605—2016	光照度计型式评价大纲 P.P.E. for Illuminance Meters	
JJF 1606—2016	治疗水平电离室剂量计型式评价大纲 P.P.E. of Dosimeters with Ionization Chambers as Used in Radiotherapy	

现行规范号	规 范 名 称	被代替规范号
JJF 1608—2016	中小型三相异步电动机能源效率计量检测规则 Rules for Metrology Testing of Energy Efficiency of Small and Medium Three-phase Asynchronous Motors	
JJF 1609—2017	余氯测定仪校准规范 C.S. for Residual Chlorine Meters	
JJF 1610—2017	电动、气动扭矩扳子校准规范 C.S. for Electric and Pneumatic Torque Wrenches	
JJF 1611—2017	顶板动态仪校准规范 C.S. for Roof Dynamic Instruments	
JJF 1612—2017	非接触式测距测速仪校准规范 C.S. for Non-contact Ranging Speedmeter	
JJF 1613—2017	掠入射 X 射线反射膜厚测量仪器校准规范 C.S. for Thin Film Thickness Measurement Instruments by Grazing Incidence X-Ray Reflectivity	
JJF 1614—2017	抗生素效价测定仪校准规范 C.S. for Antibiotics Potency Analyzers	
JJF 1615—2017	太阳模拟器校准规范 C.S. for Solar Simulators	

现行规范号	规 范 名 称	被代替规范号
JJF 1616—2017	脉冲电流法局部放电测试仪校准规范 C.S. for Partial Discharge Testers Based Pulse Current Method	
JJF 1617—2017	电子式互感器校准规范 C.S. for Electronic Instrument Transformers	
JJF 1618—2017	绝缘油介质损耗因数及体积电阻率测试仪校准规范 C.S. for Insulating Oil Dielectric Dissipation Factor and Volume Resistivity Testers	
JJF 1619—2017	互感器二次压降及负荷测试仪校准规范 C.S. for Testing Instrument of Transformer Secondary Loop Voltage Drops and Loads	
JJF 1620—2017	电池内阻测试仪校准规范 C.S. for Battery Internal Resistance Tester	
JJF 1621—2017	诊断水平剂量计校准规范 C.S. for Diagnostic Dosimeters	
JJF 1622—2017	太阳电池校准规范：光电性能 C.S. for Solar Cells: Photoelectric Properties	

现行规范号	规范名称	被代替规范号
JJF 1623—2017	热式气体质量流量计型式评价大纲 P.P.E. of Thermal Mass Gas Flowmeters	
JJF 1624—2017	数字称重显示器(称重指示器)型式评价大纲 P.P.E. of Digital Weighing Displays (Weighing Indicators)	
JJF 1625—2017	数字式气压计型式评价大纲 P.P.E.for Digital Barometers	
JJF 1626—2017	血压模拟器校准规范 C.S. for NIBP Simulators	
JJF 1627—2017	皂膜流量计法标准漏孔校准规范 C.S. for Reference Leaks by Soap Film Flowmeter	
JJF 1628—2017	塑料管材耐压试验机校准规范 C.S. for Testing Machines of Resistance to Internal Pressure of Plastics Pipe	
JJF 1629—2017	烙铁温度计校准规范 C.S. for Soldering Iron Thermometers	
JJF 1630—2017	分布式光纤温度计校准规范 C.S. for Fiber-optic Distributed Thermometers	

现行规范号	规 范 名 称	被代替规范号
JJF 1631—2017	连续热电偶校准规范 C.S. for Continuous Thermocouples	
JJF 1632—2017	温度开关温度参数校准规范 C.S. for Temperature Parameters of Temperature Switches	
JJF 1633—2017	血液灌流装置校准规范 C.S. for Hemoperfusion Equipment	
JJF 1634—2017	超低频微加速度线加速度计校准规范 C.S. for Linear Accelerometers at Ultra-low Frequency and Ultra-low Level Acceleration	
JJF 1635—2017	双离心机校准规范 C.S. for Double Centrifuges	
JJF 1636—2017	交流电阻箱校准规范 C.S. for A.C. Resistance Boxes	
JJF 1637—2017	廉金属热电偶校准规范 C.S. for Base Metal Thermocouples	JJG 351—1996
JJF 1638—2017	多功能标准源校准规范 C.S. for Multifunction Standard Sources	JJG 445—1986
JJF 1639—2017	非连续累计自动衡器(累计料斗秤)型式评价大纲 P.P.E. of Discontinuous Totalizing Automatic Weighing Instruments (Totalizing Hopper Weighers)	JJG 648—1996 型式评价部分

现行规范号	规 范 名 称	被代替规范号
JJF 1640—2017	压阻式压力传感器(静态)型式评价大纲 P.P.E. of Piezoresistive Pressure Sensors(Static)	
JJF 1641—2017	紫外可见分光光度计型式评价大纲 P.P.E. of Ultraviolet-Visible Spectrophotometers	
JJF 1642—2017	个人声暴露计型式评价大纲 P.P.E. of Personal Sound Exposure Meters	
JJF 1643—2017	化学需氧量(COD)测定仪型式评价大纲 P.P.E. for Chemical Oxygen Demand (COD) Meters	
JJF 1644—2017	临床酶学标准物质的研制 The Production of Reference Materials for Clinical Enzymology	
JJF 1645—2017	质量控制物质的内部研制 In-house Preparation of Quality Control Materials (QCMs)	
JJF 1646—2017	地质分析标准物质的研制 The Production of Reference Materials for Geoanalysis	

现行规范号	规范名称	被代替规范号
JJF 1647—2017	零售商品称重计量检验规则 Rules of Metrological Testing for Retailed Commodities in Weighing	
JJF 1648—2017	管道消声器测试系统校准规范 C. S. for Test Systems of Ducted Silencers	
JJF 1649—2017	超声骨密度仪校准规范 C. S. for Ultrasound Bone Sonometers	
JJF 1650—2017	超声探伤仪换能器声场特性校准规范 C. S. for Field Parameters of Ultrasound Flaw Detector Transducers	
JJF 1651—2017	20 Hz～100 kHz 水下噪声源校准规范 C. S. for Underwater Noise Sources in the Frequency Range 20 Hz to 100 kHz	
JJF 1652—2017	标准撞击器校准规范 C. S. for Standard Tapping Machines	
JJF 1653—2017	电容式工程测量传声器校准规范 C. S. for Condenser Project Measurement Microphones	

现行规范号	规 范 名 称	被代替规范号
JJF 1654—2017	平板电泳仪校准规范 C. S. for Plate Electrophoresis Apparatus	
JJF 1655—2017	太阳电池校准规范：光谱响应度 C. S. for Solar Cells: Spectral Responsivity	
JJF 1656—2017	磁力式磁强计校准规范 C. S. for Magnetometers Based Magnetic Force	
JJF 1657—2017	落锤式冲击力标准装置校准规范 C. S. for Falling-hammer Impact Force Standard Equipment	
JJF 1658—2017	电压失压计时器校准规范 C. S. for Loss-of-voltage Timers	
JJF 1659—2017	$PM_{2.5}$质量浓度测量仪校准规范 C. S. for $PM_{2.5}$ Mass Concentration Measurement Instruments	
JJF 1660—2017	宽波段辐照计校准规范 C. S. for Wide-band Irradiance Meters	
JJF 1661—2017	微弱紫外辐照计校准规范 C. S. for Highly Sensitive UV Irradiance Meters	

现行规范号	规 范 名 称	被代替规范号
JJF 1662—2017	时钟测试仪校准规范 C.S. for Clock Testers	
JJF 1663—2017	激光测微仪校准规范 C.S. for Laser Micrometers	
JJF 1664—2017	温度显示仪校准规范 C.S. for Temperature Indicators	
JJF 1665—2017	流式细胞仪校准规范 C.S. for Flow Cytometers	
JJF 1666—2017	全自动微生物定量分析仪校准规范 C.S. for Automatic Quantitative Analyzers of Microorganism	
JJF 1667—2017	工频谐波测量仪器校准规范 C.S. for Harmonics Analyzing Instruments at Power Frequency	
JJF 1669—2017	三轴转台校准规范 C.S. for Three Axis Tables	
JJF 1670—2017	质量法油耗仪校准规范 C.S. for Oil Consumption Meters of Mass Method	
JJF 1671—2017	机动车驻车制动性能测试装置校准规范 C.S. for Parking Brake Performance Testers for Vehicles	

现行规范号	规 范 名 称	被代替规范号
JJF 1672—2017	电快速瞬变脉冲群模拟器校准规范 C.S. for Electrical Fast Transient / Burst Simulators	
JJF 1673—2017	电压暂降、短时中断和电压变化试验发生器校准规范 C.S. for Voltage Dips, Short Interruptions and Voltage Variations Test Generators	
JJF 1674—2017	苯气体检测报警器校准规范 C.S. for Alarmer Detectors of Benzene	
JJF 1675—2017	惯性技术计量术语及定义 Terminology and Definition for Measurement of Inertial Technology	
JJF 1676—2017	无源医用冷藏箱温度参数校准规范 C.S. for Temperature Parameter of Passive Medical Cold Boxes	
JJF 1677—2017	频率分配放大器校准规范 C.S. for Frequency Distribution Amplifiers	
JJF 1678—2017	射频和微波功率放大器校准规范 C.S. for RF & Microwave Power Amplifiers	

现行规范号	规范名称	被代替规范号
JJF 1679—2017	ZigBee综合测试仪校准规范 C.S. for ZigBee Testers	
JJF 1680—2017	定向耦合器及驻波比电桥校准规范 C.S. for Directional Coupler and SWR Bridges	JJG 796—1992
JJF 1681—2017	声级计型式评价大纲 P.P.E. of Sound Level Meters	JJG 188—2002 型式评价部分
JJF 1682—2017	光栅式测微仪校准规范 C.S. for Grating Micrometers	JJG 989—2004
JJF 1683—2017	抖晃仪校准规范 C.S. for Wow Flutter Meters	JJG 47—1990
JJF 1684—2017	轴承圆锥滚子直径、角度和直线度比较测量仪校准规范 C.S. for Comparators for Measuring the Diameter, Angle and Straightness of Bearings' Tapered Roller	JJG 380—1995
JJF 1685—2018	紫外荧光测硫仪校准规范 C.S. for Ultraviolet Fluorescence Sulfur Analyzers	
JJF 1686—2018	脉冲计数器校准规范 C.S. for Pulse Counters	

现行规范号	规 范 名 称	被代替规范号
JJF 1687—2018	用于探测与识别放射性核素的手持式辐射监测仪校准规范 C. S. for Hand - Held Radiation Monitors for Detection and Identification of Radionuclides	
JJF 1688—2018	实时焦点测量仪校准规范 C. S. for Real - Time Focus Meters	
JJF 1689—2018	水质色度仪校准规范 C. S. for Water Colorimeters	
JJF 1690—2018	偏振依赖损耗测试仪校准规范 C. S. for Polarization Dependent Loss Meters	
JJF 1691—2018	绕阻匝间绝缘冲击电压试验仪校准规范 C. S. for Impulse Voltage Testers for Winding Interturn Insulation	
JJF 1692—2018	涡流电导率仪校准规范 C. S. for Eddy Current Conductivity Meters	
JJF 1693—2018	颅内压监护仪校准规范 C. S. for Intracranial Pressure Monitors	
JJF 1694—2018	气相色谱仪型式评价大纲 P. P. E. of Gas Chromatographs	

现行规范号	规 范 名 称	被代替规范号
JJF 1695—2018	原子荧光光度计型式评价大纲 P.P.E. of Atomic Fluorescent Spectrometers	
JJF 1696—2018	凝胶色谱仪型式评价大纲 P.P.E. of Gel Permeation Chromatographs	
JJF 1697—2018	示差扫描热量计型式评价大纲 P.P.E. of Differential Scanning Alorimeters	
JJF 1698—2018	储罐用自动液位计型式评价大纲 P.P.E. of Automatic Level Gauges for Measuring the Level of Liquid in Stationary Storage Tanks	
JJF 1699—2018	矿用一氧化碳检测报警器型式评价大纲 P.P.E. of Mining Carbon Monoxide Monitors	
JJF 1700—2018	浊度计型式评价大纲 P.P.E. of Turbidimeters	
JJF 1701.1—2018	测量用互感器型式评价大纲 第1部分:标准电流互感器 P.P.E. of Instrument Transformers—Part 1: Standard Current Transformers	

现行规范号	规 范 名 称	被代替规范号
JJF 1701.2—2018	测量用互感器型式评价大纲 第2部分:标准电压互感器 P.P.E. of Instrument Transformers—Part 2: Standard Voltage Transformers	
JJF 1701.3—2019	测量用互感器型式评价大纲 第3部分:电磁式电压互感器 P.P.E. of Instrument Transformers—Part 3: Inductive Voltage Transformers	
JJF 1701.4—2019	测量用互感器型式评价大纲 第4部分:电流互感器 P.P.E. of Instrument Transformers—Part 4:Current Transformers	
JJF 1701.5—2019	测量用互感器型式评价大纲 第5部分:电容式电压互感器 P.P.E. of Instrument Transformers—Part 5: Capacitor Voltage Transformers	
JJF 1701.6—2019	测量用互感器型式评价大纲 第6部分:三相组合互感器 P.P.E. of Instrument Transformers—Part 6: Three - phase Combined Instrument Transformers	
JJF 1702—2018	α、β平面源校准规范 C.S. for α、β Planes Sources	JJG 788—1992

现行规范号	规范名称	被代替规范号
JJF 1703—2018	谐振式波长计校准规范 C. S. for Resonant Type Wavelength Meters	JJG 348—1984
JJF 1704—2018	望远镜式测距仪校准规范 C. S. for Telescope Rangefinder	
JJF 1705—2018	人工电源网络校准规范 C. S. for Artificial Mains Networks	
JJF 1706—2018	9kHz～30MHz 鞭状天线校准规范 C. S. for 9kHz～30MHz Rod Antennas	
JJF 1707—2018	电解式(库仑)测厚仪校准规范 C. S. for Electrolytic (Coulometric) Coating Thickness Instruments	
JJF 1708—2018	标准表法科里奥利质量流量计在线校准规范 On Line C. S. for Coriolis Mass Flowmeters by Master Meter Method	
JJF 1709—2018	标准玻璃浮子校准规范 C. S. for Standard Glass Floats	
JJF 1710—2018	频率响应分析仪校准规范 C. S. for Frequency Response Analyzers	

现行规范号	规范名称	被代替规范号
JJF 1711—2018	六氟化硫分解物检测仪校准规范 C. S. for Sulfur Hexafluoride Decomposition Products Detectors	
JJF 1712—2018	薄层色谱扫描仪校准规范 C. S. for Thin Layer Chromatography Scanners	
JJF 1713—2018	高频电容损耗标准器校准规范 C. S. for High Frequency Capacity Dissipation Standards	JJG 66—1990
JJF 1714—2018	微量溶解氧测定仪型式评价大纲 P. P. E. for Low-level Dissolved Oxygen Meters	
JJF 1715—2018	离子色谱仪型式评价大纲 P. P. E. for Ion Chromatographs	
JJF 1716—2018	粉尘浓度测量仪型式评价大纲 P. P. E. for Dust Concentration Measuring Instruments	
JJF 1717—2018	测汞仪型式评价大纲 P. P. E. for Mercury Analyzers	
JJF 1718—2018	转基因植物核酸标准物质的研制计量技术规范 T. S. of the Production of Genetically Modified Plant Nucleic Acid Reference Materials	

现行规范号	规 范 名 称	被代替规范号
JJF 1719—2018	铁路罐车和罐式集装箱容积三维激光扫描仪校准规范 C. S. for 3D Laser Scanner for Volume Measurements of Rail Tankers and Tank Containers	
JJF 1720—2018	全自动生化分析仪校准规范 C. S. for Automatic Chemistry Analyzers	
JJF 1721—2018	碳化深度测量仪和测量尺校准规范 C. S. for Carbonization Depth Measuring Instruments and Calipers	
JJF 1722—2018	运动平板仪校准规范 C. S. for Exercise Treadmills	
JJF 1723—2018	交直流模拟电阻器校准规范 C. S. for AC & DC Resistance Simulators	
JJF 1724—2018	时码发生器校准规范 C. S. for Timecode Generators	
JJF 1725—2018	脉冲分配放大器校准规范 C. S. for Pulse Distribution Amplifiers	
JJF 1726—2018	数字式静电计校准规范 C. S. for Digital Electrometers	

现行规范号	规 范 名 称	被代替规范号
JJF 1727—2018	噪声表校准规范 C.S. for Noise Meters	
JJF 1728—2018	树脂基复合材料超声检测仪校准规范 C.S. for Ultrasonic Testing Instruments for Resin Matrix Composites	
JJF 1729—2018	农药残留检测仪校准规范 C.S. for Pesticide Residue Detectors	
JJF 1730—2018	气导助听器电声参数校准规范 C.S. for Electro-acoustical Characteristics of Air-conduction Hearing Aids	
JJF 1731—2018	超声C扫描设备校准规范 C.S. for Ultrasonic C Scan Equipments	
JJF 1732—2018	准静态 d_{33} 测量仪校准规范 C.S. for d_{33} Measurement Instruments by Quasi-static Method	
JJF 1733—2018	固定式环境 γ 辐射空气比释动能(率)仪现场校准规范 C.S. for Field Environmental Gamma Radiation Dose (Rate) Meters	
JJF 1734—2018	有源耦合腔校准规范 C.S. for Active Couplers	

现行规范号	规 范 名 称	被代替规范号
JJF 1735—2018	高频Q值标准线圈校准规范 C.S. for High Frequency Q Value Standard Coil Sets	JJG 69—1990
JJF 1736—2018	总悬浮颗粒物采样器型式评价大纲 P.P.E. of Total Suspended Particulates Samplers	
JJF 1737—2019	工频磁场模拟器校准规范 C.S. for Power Frequency Magnetic Field Simulators	
JJF 1738—2019	高声压测量传声器动态范围上限校准规范 C.S. for the Upper Limit of Dynamic Range of High Sound Pressure Measuring Microphones	
JJF 1739—2019	数字式激光球面干涉仪校准规范 C.S. for Digital Laser Spherical Interferometers	
JJF 1740—2019	天馈线测试仪校准规范 C.S. for Cable and Antenna Analyzers	
JJF 1741—2019	浪涌(冲击)模拟器校准规范 C.S. for Surge Simulators	

现行规范号	规 范 名 称	被代替规范号
JJF 1742—2019	高清视频信号发生器校准规范 C.S. for High Definition Video Signal Generators	
JJF 1743—2019	放射治疗用电离室剂量计水吸收剂量校准规范 C.S. for Water Absorbed Dose of Dosimeters with Ionization Chambers as Used in Radiotherapy	
JJF 1744—2019	闪烁体探测器γ谱仪校准规范 C.S. for γ Ray Spectrometers of Scintillation Detectors	
JJF 1745—2019	放射治疗用的二维剂量计校准规范 C.S. for Two-dimensional Dosimeters for Radiation Therapy	
JJF 1746—2019	医学影像诊断显示系统校准规范 C.S. for Medical Imaging Diagnosis Display Systems	
JJF 1747—2019	车身反光标识用逆反射系数测量仪校准规范 C.S. for Retroreflection Coefficient Meters for Motor Vehicle's Reflecting Marking	

现行规范号	规范名称	被代替规范号
JJF 1748—2019	心肺复苏机校准规范 C. S. for Cardiopulmonary Resuscitators	
JJF 1749—2019	汽车外廓尺寸检测仪校准规范 C. S. for Vehicle Contour Dimensions Testers	
JJF 1750—2019	红外标准滤光器校准规范 C. S. for Infrared Standard Filter	
JJF 1751—2019	菌落计数器校准规范 C. S. for Colony Counters	
JJF 1752—2019	全自动封闭型发光免疫分析仪校准规范 C. S. for Automatic Closed Luminescence Immunoassay Analyzers	
JJF 1753—2019	医用体外压力脉冲碎石机校准规范 C. S. for Medical Pressure Pulse Lithotripsy Machines	
JJF 1754—2019	氘灯光谱辐射亮度(250 nm～400 nm)校准规范 C. S. for Deuterium Lamps Spectral Radiance(250 nm～400 nm)	

现行规范号	规 范 名 称	被代替规范号
JJF 1755—2019	无源光网格(PON)功率计校准规范 C.S. for Passive Optical Network (PON) Power Meters	
JJF 1756—2019	低频相位计校准规范 C.S. for Low-frequency Phase Meters	JJG 381—1986
JJF 1757—2019	功率指示器校准规范 C.S. for Power Meters	JJG 280—1981
JJF 1758—2019	低频移相器及相位发生器校准规范 C.S. for Low Frequency Phase Shifters and Phase Generators	JJG 530—1988
JJF 1759—2019	衰减校准装置校准规范 C.S. for Attenuation Calibrators	JJG 424—1986
JJF 1760—2019	硅单晶电阻率标准样片校准规范 C.S. for Standard Slices of Single Crystal Silicon Resistivity	JJG 48—2004
JJF 1761—2019	选频电平表校准规范 C.S. for Selective Level Meters	JJG 777—1992
JJF 1762—2019	α、β表面污染仪型式评价大纲 P.P.E. of α、β Surface Contamination Monitors	

现行规范号	规范名称	被代替规范号
JJF 1763—2019	低本底α、β测量仪型式评价大纲 P.P.E. of Low Background α、β Measuring Instruments	
JJF 1764—2019	矿用硫化氢气体检测仪型式评价大纲 P.P.E. of Hydrogen Sulfide Gas Detectors for Mining	
JJF 1765—2019	紫外辐射照度计型式评价大纲 P.P.E. of UV Radiometers	
JJF 1766—2019	冷水机组能源效率计量检测规则 Rules of Metrology Testing for Energy Efficiency of Water Chilling Packages	
JJF 1767—2019	远置冷凝机组冷藏陈列柜能源效率计量检测规则 Rules of Metrology Testing for Energy Efficiency of Refrigerated Display Cabinets with Remote Condensing Units	
JJF 1768—2019	热泵热水机(器)能源效率计量检测规则 Rules of Metrology Testing for Energy Efficiency of Heat Pump Water Heaters	

现行规范号	规 范 名 称	被代替规范号
JJF 1769—2019	单元式空气调节机能源效率计量检测规则 Rules of Metrology Testing for Energy Efficiency of Unitary Air Conditioners	
JJF 1770—2019	多联式空调(热泵)机组能源效率计量检测规则 Rules of Metrology Testing for Energy Efficiency of Multi - connected air - condition (heat pump) Units	
JJF 1771—2019	阻抗听力计(耳声阻抗/导纳测量仪器)型式评价大纲 P. P. E. of Measuring Instruments of Aural Acoustic Impedance/Admittance	JJG 991—2004 型式评价部分
JJF 1772—2019	验光镜片箱型式评价大纲 P. P. E. of Trial Case Lenses	
JJF 1773—2019	综合验光仪型式评价大纲 P. P. E. of Phoropters	
JJF 1774—2019	角膜曲率计型式评价大纲 P. P. E. of Ophthalmometers	
JJF 1775—2019	机动车激光测速仪型式评价大纲 P. P. E. of Lidar Speed－Measuring Device	

现行规范号	规 范 名 称	被代替规范号
JJF 1776—2019	机动车地感线圈测速系统型式评价大纲 P. P. E. of Inductive Loop Speed-Measuring Device	
JJF 1777—2019	饮用冷水水表型式评价大纲 P. P. E. of Cold Potable Water Meters	JJG 162—2009 型式评价部分
JJF 1778—2019	间歇测量医用电子体温计型式评价大纲 P. P. E. of Intermittent Measurement Clinical Electronic Thermometers	
JJF 1779—2019	电子式直流电能表型式评价大纲 P. P. E. of Electricity Meters for Direct Current Energy	
JJF 1780—2019	非接触式眼压计型式评价大纲 P. P. E. of Non-contact Tonometers	
JJF 1781—2019	接触式压平眼压计型式评价大纲 P. P. E. of Applanation Tonometers	
JJF 1782—2019	压力式六氟化硫气体密度控制器型式评价大纲 P. P. E. of Pressure Type SF_6 Gas Density Monitors	
JJF 1783—2019	玻璃体温计型式评价大纲 P. P. E. of Clinical Thermometers	

现行规范号	规 范 名 称	被代替规范号
JJF 1784—2019	全站仪型式评价大纲 P. P. E. of Total Stations	
JJF 1785—2019	呼出气体酒精含量检测仪型式评价大纲 P. P. E. of Breath Alcohol Analyzers	
JJF 1786—2019	化学需氧量(COD)在线自动监测仪型式评价大纲 P. P. E. of On-line Automatic Determinators for Chemical Oxygen Demand(COD)	
JJF 1787—2019	液位计型式评价大纲 P. P. E. of Liquid Level Gauges	
JJF 1788—2019	接地电阻表型式评价大纲 P. P. E. of Earth Resistance Meters	
JJF 1789—2019	压力变送器型式评价大纲 P. P. E. of Pressure Transmitters	
JJF 1790—2019	绝缘电阻表型式评价大纲 P. P. E. of Insulation Resistance Meters	
JJF 1791—2019	连续累计自动衡器(皮带秤)型式评价大纲 P. P. E. of Continuous Totallizing Automatic Weighing Instruments (Belt Weighers)	

二、国家计量技术规范目录
（按专业划分排列，不含检定系统表）

1.通 用 类

现行规范号	规 范 名 称	被代替规范号
JJF 1001—2011	通用计量术语及定义	JJF 1001—1998
JJF 1002—2010	国家计量检定规程编写规则	JJF 1002—1998
JJF 1004—2004	流量计量名词术语及定义	JJF 1004—1986
JJF 1005—2016	标准物质通用术语和定义	JJF 1005—2005
JJF 1007—2007	温度计量名词术语及定义	JJF 1007—1989
JJF 1008—2008	压力计量名词术语及定义	JJF 1008—1987
JJF 1009—2006	容量计量术语及定义	JJF 1009—1987
JJF 1010—1987	长度计量名词术语及定义	
JJF 1011—2006	力值与硬度计量术语及定义	JJF 1011—1987
JJF 1012—2007	湿度与水分计量名词术语及定义	JJF 1012—1987
JJF 1013—1989	磁学计量常用名词术语及定义（试行）	
JJF 1015—2014	计量器具型式评价通用规范	JJF 1015—2002
JJF 1016—2014	计量器具型式评价大纲编写导则	JJF 1016—2009
JJF 1021—1990	产品质量检验机构计量认证技术考核规范	
JJF 1022—2014	计量标准命名与分类编码	JJF 1022—1991
JJF 1023—1991	常用电学计量名词术语（试行）	
JJF 1024—2006	测量仪器可靠性分析	JJF 1024—1991

现行规范号	规 范 名 称	被代替规范号
JJF 1031—1992	依法管理的物理化学计量器具分类规范	
JJF 1032—2005	光学辐射计量名词术语及定义	JJF 1032—1992
JJF 1033—2016	计量标准考核规范	JJF 1033—2008
JJF 1034—2005	声学计量名词术语及定义	JJF 1034—1992
JJF 1035—2006	电离辐射计量术语及定义	JJF 1035—1992
JJF 1051—2009	计量器具命名与分类编码	JJG 1051—1996
JJF 1059.1—2012*	测量不确定度评定与表示	JJF 1059—1999
JJF 1059.2—2012	用蒙特卡洛法评定测量不确定度	
JJF 1069—2012	法定计量检定机构考核规范	JJF 1069—2007
JJF 1070—2005	定量包装商品净含量计量检验规则	JJF 1070—2000
JJF 1070. 1—2011	定量包装商品净含量计量检验规则　肥皂	
JJF 1070. 2—2011*	定量包装商品净含量计量检验规则　小麦粉	
JJF 1071—2010	国家计量校准规范编写规则	JJF 1071—2000
JJF 1094—2002	测量仪器特性评定	JJF 1027—1991 中的"计量器具准确度评定"部分
JJF 1104—2003	国家计量检定系统表编写规则	
JJF 1112—2003	计量检测体系确认规范	
JJF 1117—2010	计量比对	JJF 1117—2004
JJF 1117.1—2012	化学量测量比对	
JJF 1130—2005	几何量测量设备校准中的不确定度评定指南	
JJF 1135—2005	化学分析测量不确定度评定	

现行规范号	规 范 名 称	被代替规范号
JJF 1139—2005	计量器具检定周期确定原则和方法	
JJF 1156—2006	振动、冲击、转速计量术语及定义	
JJF 1180—2007	时间频率计量名词术语及定义	
JJF 1181—2007	衡器计量名词术语及定义	
JJF 1182—2007	计量器具软件测评指南	
JJF 1186—2018	标准物质证书和标签要求计量技术规范	JJF 1186—2007
JJF 1188—2008	无线电计量名词术语及定义	
JJF 1229—2009	质量密度计量名词术语及定义	
JJF 1244—2010	食品和化妆品包装计量检验规则	JJG 1222—2009
JJF 1261.1—2017	用能产品能源效率计量检测规则	JJF 1261.1—2010
JJF 1261.2—2017	房间空气调节器能源效率计量检测规则	JJF 1261.2—2010
JJF 1261.3—2017	家用电磁灶能源效率计量检测规则	JJF 1261.3—2015
JJF 1261.4—2017	转速可控型房间空气调节器能源效率计量检测规则	JJF 1261.4—2014
JJF 1261.5—2017	自动电饭锅能源效率计量检测规则	JJF 1261.5—2012
JJF 1261.6—2012	计算机显示器能源效率标识计量检测规则	
JJF 1261.7—2017	平板电视能源效率计量检测规则	JJF 1261.7—2014

现行规范号	规 范 名 称	被代替规范号
JJF 1261.8—2017	电动洗衣机能源效率计量检测规则	JJF 1261.8—2014
JJF 1261.9—2013	家用燃气快速热水器和燃气采暖热水炉能源效率标识计量检测规则	
JJF 1261.10—2017	家用和类似用途微波炉能源效率计量检测规则	JJF 1261.10—2013
JJF 1261.11—2017	家用太阳能热水系统能源效率计量检测规则	JJF 1261.11—2013
JJF 1261.12—2017	微型计算机能源效率计量检测规则	JJF 1261.12—2013
JJF 1261.14—2017	高压钠灯能源效率计量检测规则	JJF 1261.14—2014
JJF 1261.15—2018	家用电冰箱能源效率计量检测规则	JJF 1261.15—2014
JJF 1261.16—2017	储水式电热水器能源效率标识计量检测规则	JJF 1261.16—2015
JJF 1261.17—2017	复印机、打印机和传真机能源效率计量检测规则	JJF 1261.13—2014 JJF 1261.17—2015
JJF 1261.18—2017	交流接触器能源效率计量检测规则	JJF 1261.18—2015
JJF 1261.19—2017	交流电风扇能源效率计量检测规则	JJF 1261.19—2013
JJF 1261.20—2017	电力变压器能源效率计量检测规则	JJF 1261.20—2015

现行规范号	规范名称	被代替规范号
JJF 1261.21—2017	数字电视接收器(机顶盒)能源效率计量检测规则	
JJF 1261.22—2017	普通照明用自镇流荧光灯能源效率计量检测规则	
JJF 1261.23—2017	容积式空气压缩机能源效率计量检测规则	
JJF 1261.24—2018	吸油烟机能源效率计量检测规则	
JJF 1261.25—2018	通风机能源效率计量检测规则	
JJF 1261.26—2018	家用燃气灶具能源效率计量检测规则	
JJF 1265—2010	生物计量术语及定义	
JJF 1356—2012	重点用能单位能源计量审查规范	
JJF 1365—2012	数字指示秤软件可信度测评方法	
JJF 1551—2015	附着系数测试仪校准规范	
JJF 1578—2016	网络预约出租汽车计程计时技术要求(试行)	
JJF 1599—2016	标准房间空调器制冷量校准规范	
JJF 1608—2016	中小型三相异步电动机能源效率计量检测规则	
JJF 1647—2017	零售商品称重计量检验规则	
JJF 1675—2017	惯性技术计量术语及定义	

现行规范号	规范名称	被代替规范号
JJF 1718—2018	转基因植物核酸标准物质的研制计量技术规范	
JJF 1766—2019	冷水机组能源效率计量检测规则	
JJF 1767—2019	远置冷凝机组冷藏陈列柜能源效率计量检测规则	
JJF 1768—2019	热泵热水机(器)能源效率计量检测规则	
JJF 1769—2019	单元式空气调节机能源效率计量检测规则	
JJF 1770—2019	多联式空调(热泵)机组能源效率计量检测规则	

2. 计量器具型式评价大纲

现行规范号	规范名称	被代替规范号
JJF 1161—2006	催化燃烧式甲烷测定器型式评价大纲	
JJF 1162—2006	粉尘采样器型式评价大纲	
JJF 1163—2006	光干涉式甲烷测定器型式评价大纲	
JJF 1245.1—2019	安装式交流电能表型式评价大纲　有功电能表	部分代替 JJF 1245.1～6—2010
JJF 1245.2—2019	安装式交流电能表型式评价大纲　软件要求	部分代替 JJF 1245.1～6—2010
JJF 1245.3—2019	安装式交流电能表型式评价大纲　无功电能表	部分代替 JJF 1245.1～6—2010
JJF 1245.4—2019	安装式交流电能表型式评价大纲　特殊要求和安全要求	部分代替 JJF 1245.1～6—2010
JJF 1245.5—2019	安装式交流电能表型式评价大纲　功能要求	部分代替 JJF 1245.1～6—2010
JJF 1279—2011	单机型和集中管理分散计费型电话计时计费器型式评价大纲	

现行规范号	规 范 名 称	被代替规范号
JJF 1291—2019	验光仪型式评价大纲	JJF 1291—2011
JJF 1292—2011	焦度计型式评价大纲	
JJF 1295—2011	悬臂梁式冲击试验机型式评价大纲	
JJF 1296.1—2011	静力单轴试验机型式评价大纲 第1部分:电子式万能试验机	
JJF 1296.2—2011	静力单轴试验机型式评价大纲 第2部分:电液伺服万能试验机	
JJF 1296.3—2011	静力单轴试验机型式评价大纲 第3部分:液压式万能试验机	
JJF 1297—2011	杯突试验机型式评价大纲	
JJF 1298—2011	高温蠕变、持久强度试验机型式评价大纲	
JJF 1299—2011	扭转试验机型式评价大纲	
JJF 1300—2011	摆锤式冲击试验机型式评价大纲	
JJF 1301—2011	抗折试验机型式评价大纲	
JJF 1302—2011	光学经纬仪型式评价大纲	
JJF 1313—2011	手持式测距仪型式评价大纲	
JJF 1314—2011	气体层流流量传感器型式评价大纲	
JJF 1315.1—2011	疲劳试验机型式评价大纲 第1部分:轴向加荷疲劳试验机	

现行规范号	规范名称	被代替规范号
JJF 1315.2—2011	疲劳试验机型式评价大纲 第2部分:旋转纯弯曲疲劳试验机	
JJF 1322—2011	水准仪型式评价大纲	
JJF 1323—2011	电子经纬仪型式评价大纲	
JJF 1327—2011	离子计型式评价大纲	
JJF 1332—2011	烟尘采样器型式评价大纲	
JJF 1333—2012	数字指示轨道衡型式评价大纲	
JJF 1335—2012	定角式雷达测速仪型式评价大纲	
JJF 1336—2012	非自动秤(非自行指示秤)型式评价大纲	JJG 555—1996 中有关“非自行指示秤”的规定
JJF 1347—2012	全球定位系统(GPS)接收机(测地型)型式评价大纲	
JJF 1348—2012	水中油分浓度分析仪型式评价大纲	
JJF 1354—2012	膜式燃气表型式评价大纲	JJG 577—2005 附录A 型式评价大纲
JJF 1355—2012	非自动秤(模拟指示秤)型式评价大纲	JJG 555—1996 中关于模拟指示秤部分
JJF 1359—2012	自动轨道衡(动态称量轨道衡)型式评价大纲	
JJF 1361—2012	化学发光法氮氧化物分析仪型式评价大纲	

现行规范号	规 范 名 称	被代替规范号
JJF 1362—2012	烟气分析仪型式评价大纲	
JJF 1363—2019	硫化氢气体检测仪型式评价大纲	JJF 1363—2012
JJF 1364—2012	二氧化硫气体检测仪型式评价大纲	
JJF 1367—2012	烘干法水分测定仪型式评价大纲	
JJF 1368—2012	可燃气体检测报警器型式评价大纲	
JJF 1369—2012	压缩天然气加气机型式评价大纲	JJG 996—2005 附录A 型式评价大纲
JJF 1378—2012	耐电压测试仪型式评价大纲	
JJF 1380—2012	电容法和电阻法谷物水分测定仪型式评价大纲	
JJF 1381—2012	原棉水分测定仪型式评价大纲	
JJF 1382—2012	荧光分光光度计型式评价大纲	
JJF 1388—2013	数字脑电图机及脑电地形图仪型式评价大纲	
JJF 1389—2013	数字心电图机型式评价大纲	
JJF 1390—2013	脑电图机型式评价大纲	
JJF 1391—2013	心电图机型式评价大纲	
JJF 1392—2013	动态(可移动)心电图机型式评价大纲	
JJF 1393—2013	心电监护仪型式评价大纲	
JJF 1404—2013	大气采样器型式评价大纲	

现行规范号	规 范 名 称	被代替规范号
JJF 1405—2013	总有机碳分析仪型式评价大纲	
JJF 1413—2013	轮胎压力表型式评价大纲	
JJF 1414—2013	弹性元件式精密压力表和真空表型式评价大纲	
JJF 1415—2013	弹性元件式一般压力表、压力真空表和真空表型式评价大纲	
JJF 1416—2013	数字压力计型式评价大纲	
JJF 1417—2013	压陷式眼压计型式评价大纲	
JJF 1418—2013	压力控制器型式评价大纲	
JJF 1419—2013	浮标式氧气吸入器型式评价大纲	
JJF 1420—2013	血压计和血压表型式评价大纲	
JJF 1421—2013	一氧化碳检测报警器型式评价大纲	
JJF 1424—2013	氨氮自动监测仪型式评价大纲	
JJF 1425—2013	硝酸盐氮自动监测仪型式评价大纲	
JJF 1441—2013	覆膜电极溶解氧测定仪型式评价大纲	
JJF 1450—2014	轻便磁感风向风速表型式评价大纲	
JJF 1451—2014	轻便三杯风向风速表型式评价大纲	
JJF 1452—2014	电接风向风速仪型式评价大纲	
JJF 1481—2014	汽车排放气体测试仪型式评价大纲	

现行规范号	规 范 名 称	被代替规范号
JJF 1482—2014	透射式烟度计型式评价大纲	
JJF 1483—2014	滤纸式烟度计型式评价大纲	
JJF 1500—2014	液化石油气加气机型式评价大纲	JJG 997—2005 附录A
JJF 1509—2015	电阻应变式压力传感器型式评价大纲	
JJF 1510—2015	靶式流量计型式评价大纲	
JJF 1511—2015	记录式压力表、压力真空表及真空表型式评价大纲	
JJF 1512—2015	液相色谱仪型式评价大纲	
JJF 1521—2015	燃油加油机型式评价大纲	JJG 443—2006 附录A
JJF 1522—2015	热水水表型式评价大纲	JJG 686—2006 型式评价大纲部分
JJF 1523—2015	一氧化碳、二氧化碳红外线气体分析器型式评价大纲	
JJF 1524—2015	液化天然气加气机型式评价大纲	
JJF 1554—2015	旋进旋涡流量计型式评价大纲	
JJF 1555—2015	倍频程和1/3倍频程滤波器型式评价大纲	JJG 449—2001 型式评价部分
JJF 1573—2016	旋光仪及旋光糖量计型式评价大纲	
JJF 1574—2016	原子吸收分光光度计型式评价大纲	
JJF 1575—2016	实验室pH(酸度)计型式评价大纲	

现行规范号	规 范 名 称	被代替规范号
JJF 1576—2016	红外人体表面温度快速筛检仪型式评价大纲	
JJF 1577—2016	红外耳温计型式评价大纲	
JJF 1589—2016	浮子流量计型式评价大纲	JJG 257—2007 型式评价大纲部分
JJF 1590—2016	差压式流量计型式评价大纲	
JJF 1591—2016	科里奥利质量流量计型式评价大纲	JJG 1038—2008 型式评价大纲部分
JJF 1592—2016	纯音听力计型式评价大纲	
JJF 1604—2016	出租汽车计价器型式评价大纲	JJG 517—2009 附录 A
JJF 1605—2016	光照度计型式评价大纲	
JJF 1606—2016	治疗水平电离室剂量计型式评价大纲	
JJF 1623—2017	热式气体质量流量计型式评价大纲	
JJF 1624—2017	数字称重显示器(称重指示器)型式评价大纲	
JJF 1625—2017	数字式气压计型式评价大纲	
JJF 1639—2017	非连续累计自动衡器(累计料斗秤)型式评价大纲	JJG 648—1996 型式评价部分
JJF 1640—2017	压阻式压力传感器(静态)型式评价大纲	
JJF 1641—2017	紫外可见分光光度计型式评价大纲	
JJF 1642—2017	个人声暴露计型式评价大纲	

现行规范号	规 范 名 称	被代替规范号
JJF 1643—2017	化学需氧量(COD)测定仪型式评价大纲	
JJF 1681—2017	声级计型式评价大纲	JJG 188—2002 型式评价部分
JJF 1694—2018	气相色谱仪型式评价大纲	
JJF 1695—2018	原子荧光光度计型式评价大纲	
JJF 1696—2018	凝胶色谱仪型式评价大纲	
JJF 1697—2018	示差扫描热量计型式评价大纲	
JJF 1698—2018	储罐用自动液位计型式评价大纲	
JJF 1699—2018	矿用一氧化碳检测报警器型式评价大纲	
JJF 1700—2018	浊度计型式评价大纲	
JJF 1701.1—2018	测量用互感器型式评价大纲 第1部分:标准电流互感器	
JJF 1701.2—2018	测量用互感器型式评价大纲 第2部分:标准电压互感器	
JJF 1701.3—2019	测量用互感器型式评价大纲 第3部分:电磁式电压互感器	
JJF 1701.4—2019	测量用互感器型式评价大纲 第4部分:电流互感器	
JJF 1701.5—2019	测量用互感器型式评价大纲 第5部分:电容式电压互感器	
JJF 1701.6—2019	测量用互感器型式评价大纲 第6部分:三相组合互感器	

现行规范号	规范名称	被代替规范号
JJF 1714—2018	微量溶解氧测定仪型式评价大纲	
JJF 1715—2018	离子色谱仪型式评价大纲	
JJF 1716—2018	粉尘浓度测量仪型式评价大纲	
JJF 1717—2018	测汞仪型式评价大纲	
JJF 1736—2018	总悬浮颗粒物采样器型式评价大纲	
JJF 1762—2019	α、β表面污染仪型式评价大纲	
JJF 1763—2019	低本底α、β测量仪型式评价大纲	
JJF 1764—2019	矿用硫化氢气体检测仪型式评价大纲	
JJF 1765—2019	紫外辐射照度计型式评价大纲	
JJF 1766—2019	冷水机组能源效率计量检测规则	
JJF 1767—2019	远置冷凝机组冷藏陈列柜能源效率计量检测规则	
JJF 1768—2019	热泵热水机(器)能源效率计量检测规则	
JJF 1769—2019	单元式空气调节机能源效率计量检测规则	
JJF 1770—2019	多联式空调(热泵)机组能源效率计量检测规则	
JJF 1771—2019	阻抗听力计(耳声阻抗/导纳测量仪器)型式评价大纲	JJG 991—2004 型式评价部分
JJF 1772—2019	验光镜片箱型式评价大纲	

现行规范号	规 范 名 称	被代替规范号
JJF 1773—2019	综合验光仪型式评价大纲	
JJF 1774—2019	角膜曲率计型式评价大纲	
JJF 1775—2019	机动车激光测速仪型式评价大纲	
JJF 1776—2019	机动车地感线圈测速系统型式评价大纲	
JJF 1777—2019	饮用冷水水表型式评价大纲	JJG 162—2009 型式评价部分
JJF 1778—2019	间歇测量医用电子体温计型式评价大纲	
JJF 1779—2019	电子式直流电能表型式评价大纲	
JJF 1780—2019	非接触式眼压计型式评价大纲	
JJF 1781—2019	接触式压平眼压计型式评价大纲	
JJF 1782—2019	压力式六氟化硫气体密度控制器型式评价大纲	
JJF 1783—2019	玻璃体温计型式评价大纲	
JJF 1784—2019	全站仪型式评价大纲	
JJF 1785—2019	呼出气体酒精含量检测仪型式评价大纲	
JJF 1786—2019	化学需氧量(COD)在线自动监测仪型式评价大纲	
JJF 1787—2019	液位计型式评价大纲	

现行规范号	规 范 名 称	被代替规范号
JJF 1788—2019	接地电阻表型式评价大纲	
JJF 1789—2019	压力变送器型式评价大纲	
JJF 1790—2019	绝缘电阻表型式评价大纲	
JJF 1791—2019	连续累计自动衡器(皮带秤)型式评价大纲	

3. 长度

现行规范号	规范名称	被代替规范号
JJG 1—1999	钢直尺检定规程	JJG 1—1989
		JJG 397—1985
JJG 2—1999	木直(折)尺检定规程	JJG 2—1986
		JJG 3—1984
		JJG 43—1986
JJG 4—2015	钢卷尺检定规程	JJG 4—1999
JJG 5—2001	纤维卷尺、测绳检定规程	JJG 5—1992
		JJG 6—1983
JJG 7—2004	直角尺检定规程	JJG 7—1986
		JJG 61—1980
JJG 8—1991	水准标尺检定规程	JJG 8—1982
JJG 21—2008	千分尺检定规程	JJG 21—1995
JJG 22—2014	内径千分尺检定规程	JJG 22—2003
JJG 24—2016	深度千分尺检定规程	JJG 24—2003
JJG 25—2004	螺纹千分尺检定规程	JJG 25—1987
JJG 26—2011	杠杆千分尺、杠杆卡规检定规程	JJG 26—2001
		JJG 27—1980
JJG 28—2019	平晶检定规程	JJG 28—2000
JJG 30—2012	通用卡尺检定规程	JJG 30—2002
JJG 31—2011	高度卡尺检定规程	JJG 31—1999
		JJG 286—1982

现行规范号	规 范 名 称	被代替规范号
JJG 33—2002	万能角度尺检定规程	JJG 33—1979
JJG 34—2008	指示表(指针式、数显式)检定规程	JJG 34—1996
JJG 35—2006	杠杆表检定规程	JJG 35—1992
JJG 37—2005	正弦规检定规程	JJG 37—1992
JJG 39—2004	机械式比较仪检定规程	JJG 39—1990
JJG 45—1999	光学计检定规程	JJG 45—1986
		JJG 53—1986
		JJG 55—1959
JJG 56—2000	工具显微镜检定规程	JJG 56—1984
JJG 57—1999	光学数显分度头检定规程	JJG 57—1984
		JJG 606—1989
JJG 58—2010	半径样板检定规程	JJG 58—1996
JJG 60—2012	螺纹样板检定规程	JJG 60—1996
JJG 62—2017	塞尺检定规程	JJG 62—2007
JJG 63—2007	刀口形直尺检定规程	JJG 63—1994
JJG 70—2004	角度块检定规程	JJG 70—1993
JJG 71—2005	三等标准金属线纹尺检定规程	JJG 71—1991
JJG 72—1980	线纹比较仪检定规程	JJG 72—1959
JJG 73—2005	高等别线纹尺检定规程	JJG 73—1994
		JJG 170—1994
JJG 77—2006	干涉显微镜检定规程	JJG 77—1983
JJG 80—1981	正切齿厚规检定规程	JJG 80—1960
JJG 81—1981	公法线检查仪检定规程	JJG 81—1960

现行规范号	规 范 名 称	被代替规范号
JJG 82—2010	公法线千分尺检定规程	JJG 82—1998
JJG 90—1983	齿轮齿向及径向跳动检查仪检定规程	JJG 90—1961
JJG 92—1991	万能测齿仪检定规程	JJG 92—1975
JJG 95—1986	齿轮单面啮合检查仪检定规程	JJG 95—1961
JJG 97—2001	测角仪检定规程	JJG 97—1981
JJG 100—2003	全站型电子速测仪检定规程	JJG 100—1994
JJG 101—2004	接触式干涉仪检定规程	JJG 101—1981
JJG 103—2005	电子水平仪和合象水平仪检定规程	JJG 103—1988 JJG 712—1990
JJG 109—2004	百分表式卡规检定规程	JJG 109—1986
JJG 117—2013	平板检定规程	JJG 117—2005
JJG 118—2010	扭簧比较仪检定规程	JJG 118—1996
JJG 146—2011	量块检定规程	JJG 146—2003
JJG 177—2016	圆锥量规检定规程	JJG 177—2003
JJG 182—2005	奇数沟千分尺检定规程	JJG 182—1993
JJG 191—2018	水平仪检定器检定规程	JJG 191—2002
JJG 194—2007	方箱检定规程	JJG 194—1992
JJG 201—2008	指示类量具检定仪检定规程	JJG 201—2008
JJG 202—2007	自准直仪检定规程	JJG 202—1990
JJG 219—2008	标准轨距铁路轨距尺检定规程	JJG 219—2003
JJG 275—2003	多刃刀具角度规检定规程	JJG 275—1981
JJG 283—2007	正多面棱体检定规程	JJG 283—1997

现行规范号	规范名称	被代替规范号
JJG 300—2002	小角度检查仪检定规程	JJG 300—1982
JJG 306—2004	24m 因瓦基线尺检定规程	JJG 306—1982
JJG 331—1994	激光干涉比长仪检定规程	JJG 331—1983
JJG 332—2003	齿轮渐开线样板检定规程	JJG 332—1983
JJG 341—1994	光栅线位移测量装置检定规程	
JJG 343—2012	光滑极限量规检定规程	JJG 343—1996
JJG 353—2006	633nm 稳频激光器检定规程	JJG 353—1994
JJG 356—2004	气动测量仪检定规程	JJG 356—1984
JJG 371—2005	量块光波干涉仪检定规程	JJG 371—1992 JJG 770—1992
JJG 379—2009	大量程百分表检定规程	JJG 379—1995
JJG 401—1985	球径仪检定规程	
JJG 404—2008	铁路轨距尺检定器检定规程	JJG 404—2003
JJG 408—2000	齿轮螺旋线样板检定规程	JJG 408—1986
JJG 413—2009	皮革面积测量机检定规程	JJG 413—1999
JJG 414—2011	光学经纬仪检定规程	JJG 414—2003
JJG 425—2003	水准仪检定规程	JJG 425—1994
JJG 427—2004	带表千分尺检定规程	JJG 427—1986
JJG 429—2000	圆度、圆柱度测量仪检定规程	JJG 429—1986
JJG 465—1986	球径仪样板试行检定规程	
JJG 466—1993	气动指针式测量仪检定规程	JJG 466—1986
JJG 467—1986	孔径测量仪试行检定规程	

现行规范号	规范名称	被代替规范号
JJG 471—2003	轴承内外径检查仪检定规程	JJG 471—1986
JJG 472—2007	多齿分度台检定规程	JJG 472—1997
JJG 473—2009	套管尺检定规程	JJG 473—1995
JJG 480—2007	X 射线测厚仪检定规程	JJG 480—1987
JJG 523—1988	200 型万能比较仪检定规程	
JJG 525—2014	斜块式测微仪检定器检定规程	JJG 525—2002
JJG 566—2010	电机线圈游标卡尺检定规程	JJG 566—1996
JJG 570—2006	电容式测微仪检定规程	JJG 570—1988
JJG 571—2004	读数、测量显微镜检定规程	JJG 571—1988 JJG 904—1996
JJG 626—2003	球轴承轴向游隙测量仪检定规程	JJG 626—1989
JJG 660—2006	图形面积量算仪检定规程	JJG 660—1990
JJG 661—2004	平面等倾干涉仪检定规程	JJG 661—1990
JJG 670—1990	柔性周径尺检定规程	
JJG 703—2003	光电测距仪检定规程	JJG 703—1990
JJG 704—2005	焊接检验尺检定规程	JJG 704—1990
JJG 739—2005	激光干涉仪检定规程	JJG 739—1991
JJG 740—2005	研磨面平尺检定规程	JJG 740—1991
JJG 741—2005	标准钢卷尺检定规程	JJG 741—1991
JJG 764—1992	立式激光测长仪检定规程	
JJG 765—1992	平面标准器检定规程	
JJG 766—1992	角位移传动链误差检查仪检定规程	

现行规范号	规 范 名 称	被代替规范号
JJG 767—1992	0.05～1mm 薄量块检定规程	
JJG 784—2011	深沟球轴承跳动测量仪检定规程	JJG 784—1992
JJG 785—2009	深沟球轴承套圈滚道直径、位置测量仪检定规程	JJG 785—1992
JJG 786—1992	组合式形状测量仪检定规程	
JJG 818—2018	磁性、电涡流式覆层厚度测量仪检定规程	JJG 818—2005
JJG 819—1993	轴承套圈厚度变动量检查仪检定规程	
JJG 830—2007	深度指示表检定规程	JJG 830—1993
JJG 832—1993	标准玻璃网格板检定规程	
JJG 836—1993	感应同步器检定规程	
JJG 850—2005	光学角规检定规程	JJG 850—1993
JJG 885—2014	滚动轴承宽度测量仪检定规程	JJG 885—1995
JJG 887—2014	圆锥滚子标准件测量仪检定规程	JJG 887—1995
JJG 890—1995	电容式条干均匀度仪检定规程	
JJG 894—1995	标准环规检定规程	
JJG 905—2010	刮板细度计检定规程	JJG 905—1996
JJG 908—2009	汽车侧滑检验台检定规程	JJG 908—1996
JJG 928—1998	超声波测距仪检定规程	
JJG 934—1998	γ射线料位计检定规程	
JJG 935—1998	γ射线厚度计检定规程	

现行规范号	规范名称	被代替规范号
JJG 938—2012	刀具预调测量仪检定规程	JJG 938—1998
JJG 946—1999	压力验潮仪检定规程	
JJG 947—1999	声学验潮仪检定规程	
JJG 949—2011	经纬仪检定装置检定规程	JJG 949—2000
JJG 955—2000	光谱分析用测微密度计检定规程	
JJG 959—2001	光时域反射计 OTDR 检定规程	
JJG 960—2012	水准仪检定装置检定规程	JJG 960—2001
JJG 966—2010	手持式激光测距仪检定规程	JJG 966—2001
JJG 979—2003	条码检测仪检定规程	
JJG 987—2004	线缆计米器检定规程	
JJG 998—2005	激光小角度测量仪检定规程	
JJG 1008—2006	标准齿轮检定规程	
JJG 1046—2008	方形角尺检定规程	
JJG 1152—2018	工业测量型全站仪检定规程	
JJF 1045—1993	长度(量块)计量保证方案技术规范(试行)	
JJF 1052—1996	气流式纤维细度测量仪校准规范	
JJF 1063—2000	石油螺纹单项参数检查仪校准规范	
JJF 1064—2010	坐标测量机校准规范	JJF 1064—2004
JJF 1066—2000	测长机校准规范	JJG 54—1984
JJF 1072—2000	齿厚卡尺校准规范	JJG 84—1988
JJF 1077—2002	测微准直望远镜校准规范	
JJF 1081—2002	垂准仪校准规范	

现行规范号	规 范 名 称	被代替规范号
JJF 1082—2002	平板仪校准规范	JJG 482—1986
JJF 1083—2002	光学倾斜仪校准规范	JJG 104—1986
JJF 1084—2002	框式水平仪和条式水平仪校准规范	JJG 38—1984
JJF 1085—2002	水平尺校准规范	JJG 848—1993
JJF 1088—2015	大尺寸外径千分尺校准规范	JJF 1088—2002
JJF 1089—2002	滚动轴承径向游隙测量仪校准规范	JJG 470—1986
JJF 1092—2002	光切显微镜校准规范	JJG 76—1980
JJF 1093—2015	投影仪校准规范	JJF 1093—2002
JJF 1096—2002	引伸计标定器校准规范	
JJF 1097—2003	平尺校准规范	JJG 116—1983
JJF 1099—2018	表面粗糙度比较样块校准规范	JJF 1099—2003
JJF 1100—2016	平面等厚干涉仪校准规范	JJF 1100—2003
JJF 1102—2003	内径表校准规范	JJG 36—1989
JJF 1105—2018	触针式表面粗糙度测量仪校准规范	JJF 1105—2003
JJF 1108—2012	石油螺纹工作量规校准规范	JJF 1108—2003
JJF 1109—2003	跳动检查仪校准规范	JJG 88—1983
JJF 1110—2003	建筑工程质量检测器组校准规范	
JJF 1113—2004	轴承套圈角度标准件测量仪校准规范	JJG 783—1992
JJF 1114—2004	光学、数显分度台校准规范	JJG 305—1992

现行规范号	规 范 名 称	被代替规范号
JJF 1115—2004	光电轴角编码器校准规范	JJG 900—1995
JJF 1118—2004	全球定位系统(GPS)接收机(测地型和导航型)校准规范	
JJF 1119—2004	电子水平尺校准规范	
JJF 1121—2004	手持式齿距比较仪校准规范	JJG 79—1982
JJF 1122—2004	齿轮螺旋线测量仪器校准规范	JJG 91—1989 JJG 430—1986
JJF 1123—2004	基圆齿距比较仪校准规范	JJG 78—1982
JJF 1124—2004	齿轮渐开线测量仪器校准规范	JJG 91—1989 JJG 93—1981
JJF 1125—2004	滚刀检查仪校准规范	JJG 65—1986
JJF 1126—2004	超声波测厚仪校准规范	JJG 403—1986
JJF 1132—2005	组合式角度尺校准规范	JJG 132—1994
JJF 1138—2005	铣刀磨后检查仪校准规范	JJG 87—1987
JJF 1140—2006	直角尺检查仪校准规范	JJG 243—1993
JJF 1166—2007	激光扫平仪校准规范	
JJF 1175—2007	试验筛校准规范	
JJF 1189—2008	测长仪校准规范	JJG 55—1984
JJF 1207—2008	针规、三针校准规范	JJG 41—1990
JJF 1208—2008	沥青针入度仪校准规范	
JJF 1209—2008	齿轮齿距测量仪校准规范	JJG 294—1982
JJF 1214—2008	长度基线场校准规范	
JJF 1215—2009	整体式内径千分尺(6 000mm～10 000mm)校准规范	
JJF 1224—2009	钢筋保护层、楼板厚度测量仪校准规范	

现行规范号	规 范 名 称	被代替规范号
JJF 1233—2010	齿轮双面啮合测量仪校准规范	JJG 94—2010 JJG 96—1986
JJF 1242—2010	激光跟踪三维坐标测量系统校准规范	
JJF 1250—2010	激光测径仪校准规范	
JJF 1251—2010	坐标定位测量系统校准规范	
JJF 1252—2010	激光千分尺平衡度检查仪校准规范	JJG 828—1993
JJF 1253—2010	带表卡规校准规范	
JJF 1254—2010	数显测高仪校准规范	JJG 929—1998
JJF 1255—2010	厚度表校准规范	
JJF 1256—2010	X 射线单晶体定向仪校准规范	
JJF 1258—2010	步距规校准规范	
JJF 1280—2011	容栅数显标尺校准规范	
JJF 1281—2011	烟草填充值测定仪校准规范	
JJF 1304—2011	量块比较仪校准规范	
JJF 1305—2011	线位移传感器校准规范	
JJF 1306—2011	X 射线荧光镀层测厚仪校准规范	
JJF 1307—2011	试模校准规范	
JJF 1310—2011	电子塞规校准规范	
JJF 1318—2011	影像测量仪校准规范	
JJF 1324—2011	脉冲激光测距仪校准规范	
JJF 1331—2011	电感测微仪校准规范	
JJF 1334—2012	混凝土裂缝宽度及深度测量仪校准规范	

现行规范号	规 范 名 称	被代替规范号
JJF 1345—2012*	圆柱螺纹量规校准规范	JJG 888—1995
JJF 1349—2012	工具经纬仪校准规范	
JJF 1350—2012	陀螺经纬仪校准规范	
JJF 1351—2012	扫描探针显微镜校准规范	
JJF 1352—2012	角位移传感器校准规范	
JJF 1402—2013	生物显微镜校准规范	
JJF 1406—2013	地面激光扫描仪校准规范	
JJF 1408—2013	关节臂式坐标测量机校准规范	
JJF 1410—2013	丝杠动态行程测量仪校准规范	JJG 671—1990
JJF 1411—2013	测量内尺寸千分尺校准规范	JJG 1091—2002
JJF 1422—2013	坐标测量球校准规范	
JJF 1423—2013	π尺校准规范	
JJF 1476—2014	表面轮廓表校准规范	
JJF 1484—2014	湿膜厚度测量规校准规范	
JJF 1485—2014	圆度定标块校准规范	
JJF 1487—2014	超声波探伤试块校准规范	
JJF 1488—2014	橡胶、塑料薄膜测厚仪校准规范	
JJF 1535—2015	微机电(MEMS)陀螺仪校准规范	
JJF 1536—2015	捷联式惯性航姿仪校准规范	
JJF 1537—2015	陀螺仪动态特性校准规范	
JJF 1545—2015	圆锥滚子轴承套圈滚道直径、角度测量仪校准规范	JJG 886—1995
JJF 1548—2015	楔形塞尺校准规范	
JJF 1550—2015	钻孔测斜仪校准规范	

现行规范号	规 范 名 称	被代替规范号
JJF 1557—2016	圆柱直齿渐开线花键量规校准规范	
JJF 1561—2016	齿轮测量中心校准规范	
JJF 1593—2016	针状、片状规准仪校准规范	
JJF 1611—2017	顶板动态仪校准规范	
JJF 1613—2017	掠入射X射线反射膜厚测量仪器校准规范	
JJF 1663—2017	激光测微仪校准规范	
JJF 1682—2017	光栅式测微仪校准规范	JJG 989—2004
JJF 1684—2017	轴承圆锥滚子直径、角度和直线度比较测量仪校准规范	JJG 380—1995
JJF 1704—2018	望远镜式测距仪校准规范	
JJF 1707—2018	电解式(库仑)测厚仪校准规范	
JJF 1721—2018	碳化深度测量仪和测量尺校准规范	
JJF 1739—2019	数字式激光球面干涉仪校准规范	

4. 力学

4.1 质量

现行规范号	规范名称	被代替规范号
JJG 13—2016	模拟指示秤检定规程	JJG 13—1997
JJG 14—2016	非自行指示秤检定规程	JJG 14—1997 JJG 15—1985 JJG 667—1990
JJG 16—1987	邮用秤试行检定规程	
JJG 17—2016	杆秤检定规程	JJG 17—2002
JJG 46—2018	扭力天平检定规程	JJG 46—2004
JJG 98—2019	机械天平检定规程	JJG 98—2006
JJG 99—2006	砝码检定规程	JJG 99—1990 JJG 273—1991
JJG 142—2002	非自行指示轨道衡检定规程	JJG 142—1987
JJG 156—2016	架盘天平检定规程	JJG 156—2004
JJG 171—2016	液体相对密度天平检定规程	JJG 171—2004
JJG 195—2019	连续累计自动衡器(皮带秤)检定规程	JJG 195—2002 检定部分
JJG 234—2012	自动轨道衡检定规程	JJG 234—1990 JJG 709—1990
JJG 444—2005	标准轨道衡检定规程	JJG 444—1986
JJG 539—2016	数字指示秤检定规程	JJG 539—1997 JJG 426—1986 JJG 216—1987 JJG 510—1987 JJG 668—1990

现行规范号	规 范 名 称	被代替规范号
JJG 555—1996	非自动秤通用检定规程	
JJG 564—2019	重力式自动装料衡器检定规程	JJG 564—2002
JJG 567—2012	轨道衡检衡车检定规程	JJG 567—1989
JJG 584—1989	售粮专用秤试行检定规程	
JJG 648—2017	非连续累计自动衡器(累计料斗秤)检定规程	JJG 648—1996 检定部分
JJG 649—2016	数字称重显示器(称重指示器)检定规程	JJG 649—1990
JJG 658—2010	烘干法水分测定仪检定规程	JJG 658—1990
JJG 669—2003	称重传感器检定规程	JJG 669—1990
JJG 708—1990	度盘轨道衡试行检定规程	
JJG 781—2019	数字指示轨道衡检定规程	JJG 781—2002
JJG 811—1993	核子皮带秤检定规程	
JJG 815—2018	采血电子秤检定规程	JJG 815—1993
JJG 907—2006	动态公路车辆自动衡器检定规程	JJG 907—2003
JJG 1014—2019	机动车检测专用轴(轮)重仪检定规程	JJG 1014—2006
JJG 1036—2008	电子天平检定规程	JJG 98—1990 电子天平部分
JJG 1118—2015	电子汽车衡(衡器载荷测量仪法)检定规程	
JJG 1119—2015	衡器载荷测量仪检定规程	
JJG 1123—2016	装载机电子秤检定规程	

现行规范号	规 范 名 称	被代替规范号
JJG 1124—2016	门座(桥架)起重机动态电子秤检定规程	
JJG 1130—2016	托盘扭力天平检定规程	
JJG 1170—2019	自动定量装车系统检定规程	
JJG 1171—2019	混凝土配料秤检定规程	
JJF 1025—1991	机械秤改装规范	
JJF 1074—2018	酒精密度—浓度测量用表	JJF 1074—2001
JJF 1212—2008	便携式动态轴重仪校准规范	
JJF 1247—2010	动态(矿用)轻轨衡校准规范	
JJF 1248—2010	通道式车辆放射性监测系统校准规范	

4.2 容量，密度

现行规范号	规范名称	被代替规范号
JJG 10—2005	专用玻璃量器检定规程	JJG 10—1987 JJG 11—1987 JJG 12—1987 JJG 284—1982 JJG 514—1987
JJG 18—2008	医用注射器检定规程	JJG 18—1990
JJG 19—1985*	量提检定规程	19—1958
JJG 20—2001	标准玻璃量器检定规程	JJG 20—1989
JJG 42—2011	工作玻璃浮计检定规程	JJG 42—2001
JJG 86—2011	标准玻璃浮计检定规程	JJG 86—2001
JJG 133—2016	汽车油罐车容量检定规程	JJG 133—2005
JJG 140—2018	铁路罐车容积检定规程	JJG 140—2008
JJG 168—2018	立式金属罐容量检定规程	JJG 168—2005
JJG 184—2012	液化气体铁路罐车容积检定规程	JJG 184—1993
JJG 196—2006	常用玻璃量器检定规程	JJG 196—1990
JJG 259—2005	标准金属量器检定规程	JJG 259—1989 JJG 402—1985
JJG 264—2008	容重器检定规程	JJG 264—1981
JJG 266—2018	卧式金属罐容量检定规程	JJG 266—1996
JJG 302—1983	水泥罐容积检定规程	
JJG 370—2019	在线振动管液体密度计检定规程	JJG 370—2007
JJG 372—1985	称量法储罐液体计量系统试行检定规程	
JJG 443—2015	燃油加油机检定规程	JJG 443—2006 正文部分

现行规范号	规范名称	被代替规范号
JJG 451—1986	储罐液体称量仪标准器试行检定规程	
JJG 558—2006	饮用量器检定规程	JJG 558—1988
JJG 615—2006	售油器检定规程	JJG 615—1989
JJG 641—2006	液化石油气汽车槽车容量检定规程	JJG 641—1990
JJG 642—2007	球形金属罐容量检定规程	JJG 642—1990
JJG 646—2006	移液器检定规程	JJG 646—1990
JJG 647—1990	罐和桶试行检定规程	
JJG 687—2008	液态物料定量灌装机检定规程	JJG 687—1990
JJG 702—2005	船舶液货计量舱容量检定规程	JJG 702—1990
JJG 759—1997	静压法油罐计量装置检定规程	
JJG 955—2000	光谱分析用测微密度计检定规程	
JJG 988—2004	立式金属罐径向偏差测量仪检定规程	
JJG 999—2018	称量式数显液体密度计检定规程	JJG 999—2005
JJG 1023—2007	核子密度及含水量测量仪检定规程	
JJG 1045—2017	泥浆密度计检定规程	JJG 1045—2008
JJG 1058—2010	实验室振动式液体密度计检定规程	
JJF 1014—1989	罐内液体石油产品计量技术规范	
JJF 1440—2013	混合式油罐测量系统校准规范	
JJF 1709—2018	标准玻璃浮子校准规范	

4.3 压力，真空

现行规范号	规范名称	被代替规范号
JJG 49—2013	弹性元件式精密压力表和真空表检定规程	JJG 49—1999 JJG 636—1990
JJG 51—2003	带平衡液柱活塞式压力真空计检定规程	JJG 51—1983
JJG 52—2013	弹性元件式一般压力表、压力真空表和真空表检定规程	JJG 52—1999 JJG 573—2003
JJG 59—2007	活塞式压力计检定规程	JJG 59—1990 JJG 129—1990 JJG 727—1991
JJG 158—2013	补偿式微压计检定规程	JJG 158—1994
JJG 159—2008	双活塞式压力真空计检定规程	JJG 159—1994
JJG 172—2011	倾斜式微压计检定规程	JJG 172—1994
JJG 236—2009	活塞式压力真空计检定规程	JJG 236—1994 JJG 239—1994
JJG 240—1981	一等标准液体压力计试行检定规程	
JJG 241—2002	精密杯形和 U 形液体压力计检定规程	JJG 241—1981
JJG 261—1981	标准压缩式真空计试行检定规程	
JJG 270—2008	血压计和血压表检定规程	JJG 270—1995
JJG 462—2004	二等标准电离真空计检定规程	JJG 462—1986
JJG 540—2019	工作用液体压力计检定规程	JJG 540—1988
JJG 544—2011	压力控制器检定规程	JJG 544—1997
JJG 574—2004	压陷式眼压计检定规程	JJG 574—1988
JJG 624—2005	动态压力传感器检定规程	JJG 624—1989

现行规范号	规 范 名 称	被代替规范号
JJG 692—2010	无创自动测量血压计检定规程	JJG 692—1999
JJG 728—1991	一等标准膨胀法真空装置检定规程	
JJG 729—1991	二等标准动态相对法真空装置检定规程	
JJG 793—1992	标准漏孔检定规程	
JJG 860—2015	压力传感器(静态)检定规程	JJG 860—1994
JJG 875—2019	数字压力计检定规程	JJG 875—2005
JJG 882—2019	压力变送器检定规程	JJG 882—2004
JJG 913—2015	浮标式氧气吸入器检定规程	JJG 913—1996
JJG 926—1997	记录式压力表、压力真空表和真空表检定规程	JJG 926—1997
JJG 927—2013	轮胎压力表检定规程	JJG 927—1997
JJG 932—1998	压阻真空计检定规程	
JJG 942—2010	浮球式压力计检定规程	JJG 942—1998
JJG 971—2019	液位计检定规程	JJG 971—2002
JJG 1040—2008	数字式光干涉甲烷测定器检定仪检定规程	
JJG 1073—2011	压力式六氟化硫气体密度控制器检定规程	
JJG 1084—2013	数字式气压计检定规程	
JJG 1086—2013	气体活塞式压力计检定规程	
JJG 1107—2015	自动标准压力发生器检定规程	
JJG 1141—2017	接触式压平眼压计检定规程	
JJG 1142—2017	动态压力标准器检定规程	
JJG 1143—2017	非接触式眼压计检定规程	

现行规范号	规 范 名 称	被代替规范号
JJG 1173—2019	电子式井下压力计检定规程	
JJF 1050—1996	工作用热传导真空计校准规范	JJG 587—1989 JJG 737—1991
JJF 1062—1999	电离真空计校准规范	JJG 265—1992
JJF 1131—2016	海洋倾废记录仪检定规程	
JJF 1503—2015	电容薄膜真空计校准规范	
JJF 1626—2017	血压模拟器校准规范	
JJF 1627—2017	皂膜流量计法标准漏孔校准规范	
JJF 1628—2017	塑料管材耐压试验机校准规范	

4.4 流量

现行规范号	规 范 名 称	被代替规范号
JJG 162—2019	饮用冷水水表检定规程	JJG 162—2009
JJG 164—2000	液体流量标准装置检定规程	JJG 164—1986 JJG 217—1989
JJG 165—2005	钟罩式气体流量标准装置检定规程	JJG 165—1989
JJG 198—1994	速度式流量计检定规程	JJG 198—1990 JJG 463—1986 JJG 464—1986 JJG 566—1989 JJG 620—1989
JJG 209—2010	体积管检定规程	JJG 209—1994
JJG 257—2007	浮子流量计检定规程	JJG 257—1994
JJG 461—2010	靶式流量计检定规程	JJG 461—1986
JJG 577—2012	膜式燃气表检定规程	JJG 577—2005 规程正文部分
JJG 586—2006	皂膜流量计检定规程	JJG 586—1989
JJG 619—2005	p.V.T.t 法气体流量标准装置检定规程	JJG 619—1989
JJG 620—2008	临界流文丘里喷嘴检定规程	JJG 620—1994
JJG 628—2019	SLC9 型直读式海流计检定规程	JJG 628—1989
JJG 633—2005	气体容积式流量计检定规程	JJG 663—1990
JJG 640—2016	差压式流量计检定规程	JJG 640—1994

现行规范号	规范名称	被代替规范号
JJG 643—2003	标准表法流量标准装置检定规程	JJG 643—1994 JJG 267—1996
JJG 667—2010	液体容积式流量计检定规程	JJG 667—1997
JJG 686—2015	热水水表检定规程	JJG 686—2006 正文部分
JJG 711—1990	明渠堰槽流量计试行检定规程	
JJG 736—2012	气体层流流量传感器检定规程	JJG 736—1991
JJG 835—1993	速度-面积法流量装置检定规程	
JJG 897—1995①	质量流量计检定规程	
JJG 996—2012	压缩天然气加气机检定规程	JJG 996—2005 正文部分
JJG 997—2015	液化石油气加气机检定规程	JJG 997—2005
JJG 1003—2016	流量积算仪检定规程	JJG 1003—2005
JJG 1029—2007	涡街流量计检定规程	JJG 198—1994 涡街流量部分
JJG 1030—2007	超声流量计检定规程	JJG 198—1994 超声流量部分
JJG 1033—2007	电磁流量计检定规程	JJG 198—1994 电磁流量部分
JJG 1037—2008	涡轮流量计检定规程	JJG 198—1994 涡轮流量计部分
JJG 1038—2008	科里奥利质量流量计检定规程	JJG 897—1995 科里奥利质量 流量计部分

①该规程部分内容被 JJG 1132 代替。

现行规范号	规 范 名 称	被代替规范号
JJG 1113—2015	水表检定装置检定规程	JJG 164—2000 中水表检定装置部分
JJG 1114—2015	液化天然气加气机检定规程	
JJG 1121—2015	旋进旋涡流量计检定规程	JJG 198—1994 中旋进旋涡流量计部分
JJG 1132—2017	热式气体质量流量计检定规程	JJG 897—1995 热式质量流量计部分
JJF 1056—1998	燃油加油机税控装置技术规范	
JJF 1240—2010	临界流文丘里喷嘴法气体流量标准装置校准规范	
JJF 1357—2012	湿式气体流量计校准规范	
JJF 1358—2012	非实流法校准 DN1000～DN15000 液体超声流量计校准规范	
JJF 1583—2016	标准表法压缩天然气加气机检定装置校准规范	
JJF 1586—2016	主动活塞式流量标准装置校准规范	
JJF 1708—2018	标准表法科里奥利质量流量计在线校准规范	

4.5 测力，硬度

现行规范号	规范名称	被代替规范号
JJG 112—2013	金属洛氏硬度计(A,B,C,D,E,F,G,H,K,N,T标尺)检定规程	JJG 112—2003
JJG 113—2013	标准金属洛氏硬度块(A,B,C,D,E,F,G,H,K,N,T标尺)检定规程	JJG 113—2003
JJG 139—2014	拉力、压力和万能试验机检定规程	JJG 139—1999 JJG 157—2008
JJG 144—2007	标准测力仪检定规程	JJG 144—1992
JJG 145—2007	摆锤式冲击试验机检定规程	JJG 145—1982
JJG 147—2017	标准金属布氏硬度块检定规程	JJG 147—2005
JJG 148—2006	标准维氏硬度块检定规程	JJG 148—1991 JJG 335—1991 JJG 334—1993 部分内容
JJG 150—2005	金属布氏硬度计检定规程	JJG 150—1990
JJG 151—2006	金属维氏硬度计检定规程	JJG 151—1991 JJG 260—1991 JJG 334—1993 部分内容

现行规范号	规 范 名 称	被代替规范号
JJG 269—2006	扭转试验机检定规程	JJG 269—1981
JJG 276—2009	高温蠕变、持久强度试验机检定规程	JJG 276—1988
JJG 297—1997 2005年确认有效	标准硬质合金洛氏(A标尺)硬度块检定规程	
JJG 304—2003	A型邵氏硬度计检定规程	JJG 304—1989
JJG 346—1991 2005年确认有效	肖氏硬度计检定规程	JJG 346—1984
JJG 347—1991 2005年确认有效	标准肖氏硬度块检定规程	JJG 347—1984
JJG 369—1993 2005年确认有效	塑料球压痕硬度计检定规程	JJG 369—1984
JJG 373—1997 2005年确认有效	四球摩擦试验机检定规程	
JJG 391—2009	力传感器检定规程	JJG 391—1985
JJG 450—2016	果品硬度计检定规程	JJG 450—1986
JJG 454—1986	硬度计球压头检定规程	
JJG 455—2000	工作测力仪检定规程	JJG 455—1986 JJG 883—1994
JJG 474—1986 2005年确认有效	木材万能试验机检定规程	
JJG 475—2008	电子式万能试验机检定规程	JJG 475—1986
JJG 476—2001	抗折试验机检定规程	JJG 476—1986 JJG 477—1986
JJG 556—2011	轴向加力疲劳试验机检定规程	JJG 556—1988
JJG 557—2011	标准扭矩仪检定规程	JJG 557—1988

现行规范号	规范名称	被代替规范号
JJG 583—2010	杯突试验机检定规程	JJG 583—1988
JJG 594—1989	袖珍式橡胶国际硬度计检定规程	
JJG 608—2014	悬臂梁式冲击试验机检定规程	JJG 608—1989
JJG 610—2013	A 型巴氏硬度计检定规程	JJG 610—1989
JJG 621—2012	液压千斤顶检定规程	JJG 621—2005
JJG 632—1989 2005 年确认有效	动态力传感器检定规程	
JJG 652—2012	旋转纯弯曲疲劳试验机检定规程	JJG 652—1990
JJG 653—2003	测功装置检定规程	JJG 653—1990 JJG 865—1994
JJG 666—1990	定负荷橡胶国际硬度计检定规程	
JJG 669—2003	称重传感器检定规程	JJG 669—1990
JJG 707—2014	扭矩扳子检定规程	JJG 707—2003
JJG 734—2001	力标准机检定规程	JJG 734—1991 JJG 295—1989 JJG 296—1987 JJG 753—1991
JJG 747—1999	里氏硬度计检定规程	JJG 747—1991
JJG 762—2007	引伸计检定规程	JJG 762—1992
JJG 769—2009	扭矩标准机检定规程	JJG 769—1992
JJG 797—2013	扭矩扳子检定仪检定规程	JJG 797—1992
JJG 805—1993 2005 年确认有效	滑轮式预加张力检具检定规程	
JJG 808—2014	标准测力杠杆检定规程	JJG 808—1993

现行规范号	规范名称	被代替规范号
JJG 817—2011*	回弹仪检定规程	JJG 817—1993
JJG 831—1993 2005年确认有效	铸造用湿型表面硬度计试行检定规程	
JJG 884—1994 2005年确认有效	塑料洛氏硬度计检定规程	
JJG 898—1995	微型橡胶国际硬度计检定规程	
JJG 906—2015	滚筒反力式制动检验台检定规程	JJG 906—2009
JJG 911—1996	钢丝测力仪检定规程	
JJG 944—2013	金属韦氏硬度计检定规程	JJG 944—1999
JJG 995—2005	静态扭矩测量仪检定规程	
JJG 1025—2007	恒定加力速度建筑材料试验机检定规程	
JJG 1031—2007	烟支硬度计检定规程	
JJG 1039—2008	D型邵氏硬度计检定规程	
JJG 1047—2009	金属努氏硬度计检定规程	
JJG 1048—2009	标准努氏硬度块检定规程	
JJG 1063—2010	电液伺服万能试验机检定规程	
JJG 1071—2011	线加速度计检定装置(重力场法)检定规程	
JJG 1083—2013	锚固试验机检定规程	
JJG 1103—2014	标准扭矩扳子检定规程	
JJG 1116—2015	叠加式力标准机检定规程	JJG 734—2001中叠加式力标准机内容

现行规范号	规 范 名 称	被代替规范号
JJG 1117—2015	液压式力标准机检定规程	JJG 734—2001 中液压式力标准机内容
JJG 1136—2017	扭转疲劳试验机检定规程	
JJG 1146—2017	工作扭矩仪检定规程	
JJG 1147—2018	夏比V型缺口标准冲击试样检定规程	
JJF 1043—1993	维氏硬度计量保证方案技术规范(试行)	
JJF 1046—1994	金属电阻应变计的工作特性	
JJF 1053—1996	负荷传感器动态特性校准规范	
JJF 1090—2002	非金属建材塑限测定仪校准规范	
JJF 1103—2003	万能试验机计算机数据采集系统评定	
JJF 1134—2005	专用工作测力机校准规范	JJG 609—1989 JJG 333—1996 JJG 787—1992
JJF 1311—2011	固结仪校准规范	
JJF 1312—2011	AO型邵氏硬度计校准规范	
JJF 1320—2011	仪器化夏比摆锤冲击试验机校准规范	
JJF 1370—2012	正弦法力传感器动态特性校准规范	
JJF 1372—2012	贯入式砂浆强度检测仪校准规范	

现行规范号	规 范 名 称	被代替规范号
JJF 1436—2013	超声硬度计校准规范	JJG 654—1990
JJF 1439—2013	静力触探仪校准规范	
JJF 1445—2014	落锤式冲击试验机校准规范	
JJF 1464—2014	界面张力仪校准规范	
JJF 1465—2014	丝网张力计校准规范	
JJF 1469—2014	应变式传感器测量仪校准规范	
JJF 1475—2014	弹簧冲击器校准规范	
JJF 1478—2014	高强螺栓检测仪校准规范	
JJF 1553—2015	摆锤式撕裂度仪校准规范	
JJF 1594—2016	携带式洛氏硬度计校准规范	
JJF 1595—2016	携带式布氏硬度计校准规范	JJG 411—1997 JJG 870—1994
JJF 1560—2016	多分量力传感器校准规范	
JJF 1610—2017	电动、气动扭矩扳子校准规范	
JJF 1657—2017	落锤式冲击力标准装置校准规范	

5. 声 学

现行规范号	规 范 名 称	被代替规范号
JJG 175—2015	工作标准传声器(静电激励器法)检定规程	JJG 175—1998
JJG 176—2005	声校准器检定规程	JJG 176—1995
JJG 185—2017	500Hz～1MHz 标准水听器(自由场比较法)检定规程	JJG 185－1997
JJG 188—2017	声级计检定规程	JJG 188—2002 检定部分
JJG 199—1996 2005年确认有效	猝发音信号源检定规程	
JJG 277—2017	标准声源检定规程	JJG 277—1998
JJG 340—2017	1Hz～2kHz 标准水听器(密闭腔比较法)检定规程	JJG 340—1999
JJG 388—2001	纯音听力计检定规程	JJG 388—1985
JJG 388—2012	测听设备 纯音听力计检定规程	JJG 388—2001 检定部分
JJG 389—2003	仿真耳检定规程	JJG 389—1985
JJG 394—1997	超声多普勒胎儿监护仪超声源检定规程	
JJG 448—2005	瓦级超声功率计检定规程	JJG 448—1993
JJG 449—2014	倍频程和分数倍频程滤波器检定规程	JJG 449—2001 正文部分
JJG 482—2017	实验室标准传声器(自由场互易法)检定规程	JJG 482—2005

现行规范号	规 范 名 称	被代替规范号
JJG 607—2003	声频信号发生器检定规程	JJG 607—1989
JJG 639—1998 2005年确认有效	医用超声诊断仪超声源检定规程	JJG 639—1990
JJG 655—1990 2005年确认有效	噪声剂量计检定规程	
JJG 665—2004	毫瓦级超声功率计检定规程	JJG 665—1990
JJG 746—2004	超声探伤仪检定规程	JJG 746—1991
JJG 778—2019	噪声统计分析仪检定规程	JJG 778—2005
JJG 790—2005	实验室标准传声器(耦合腔互易法)检定规程	JJG 790—1992
JJG 798—2017	骨振器测量用力耦合器检定规程	JJG 798—1992
JJG 806—1993	医用超声治疗机超声源检定规程	
JJG 868—1994 2005年确认有效	毫瓦级标准超声源检定规程	
JJG 869—2002	电话电声测试仪检定规程	JJG 869—1994
JJG 893—2007	超声多普勒胎心仪超声源检定规程	JJG 893—1995
JJG 980—2003	个人声暴露计检定规程	
JJG 990—2004	声波检测仪检定规程	
JJG 991—2017	测听设备 耳声阻抗/导纳测量仪器检定规程	JJG 991—2004
JJG 992—2004	声强测量仪检定规程	
JJG 994—2004	数字音频信号发生器检定规程	
JJG 1017—2007	1kHz～1MHz 标准水听器检定规程	
JJG 1018—2007	1kHz～2kHz 标准水听器检定规程	

现行规范号	规范名称	被代替规范号
JJG 1019—2007	工作标准传声器(耦合腔比较法)检定规程	
JJG 1056—2010	高静水压下 20Hz～3.15kHz 标准水听器(耦合腔互易法)检定规程	
JJG 1070—2011	0.5MHz～5MHz 标准水听器(二换能器互易法)检定规程	
JJG 1095—2014	环境噪声自动监测仪检定规程	
JJG 1172—2019	工作标准传声器(自由场比较法)检定规程	
JJF 1136—2005	音准仪校准规范	
JJF 1137—2005	传声器前置放大器校准规范	
JJF 1142—2006	建筑声学分析仪校准规范	
JJF 1143—2006	混响室声学特性校准规范	
JJF 1145—2006	驻极体传声器测试仪校准规范	
JJF 1146—2006	消声水池声学特性校准规范	
JJF 1147—2006	消声室和半消声室声学特性校准规范	
JJF 1157—2006	测量放大器校准规范	
JJF 1165—2007	信纳表校准规范	
JJF 1167—2007	杂音计校准规范	JJG 483—1994
JJF 1191—2019	测听室声学特性校准规范	JJF 1191—2008
JJF 1200—2008	声频功率放大器校准规范	
JJF 1201—2008	助听器测试仪校准规范	
JJF 1202—2008	驻极体传声器校准规范	
JJF 1203—2008	电声产品(扬声器类)功率寿命试验仪校准规范	

现行规范号	规 范 名 称	被代替规范号
JJF 1216—2009	音波式皮带张力计校准规范	
JJF 1223—2009	驻波管校准规范(驻波比法)	
JJF 1228—2009	声功率计校准规范	
JJF 1241—2010	声级记录仪校准规范	
JJF 1243—2010	高声压传声器校准器校准规范	
JJF 1288—2011	多通道声分析仪校准规范	
JJF 1289—2011	耳声发射测量仪校准规范	
JJF 1293—2011	静电激励器校准规范	
JJF 1294—2011	超声探伤仪换能器校准规范	
JJF 1337—2012	声发射传感器校准规范(比较法)	
JJF 1338—2012	相控阵超声探伤仪校准规范	
JJF 1339—2012	电声测试仪校准规范	
JJF 1340—2012	20Hz～2000Hz 矢量水听器校准规范	
JJF 1346—2012	次声及超声滤波器校准规范	
JJF 1438—2013	彩色多普勒超声诊断仪(血流测量部分)校准规范	
JJF 1446—2014	阻抗管校准规范(传递函数法)	
JJF 1447—2014	衍射时差法超声探伤仪校准规范	
JJF 1467—2014	数字音频源校准规范	
JJF 1468—2014	无指向性声源校准规范	
JJF 1490—2014	恒定带宽滤波器校准规范	
JJF 1496—2014	声源识别定位系统(波束形成法)校准规范	

现行规范号	规 范 名 称	被代替规范号
JJF 1504—2015	空气超声测量仪校准规范	
JJF 1505—2015	声发射检测仪校准规范	
JJF 1506—2015	适调放大器校准规范	
JJF 1518—2015	医用超声声场测量系统校准规范	
JJF 1520—2015	声学用头和躯干模拟器校准规范	
JJF 1556—2016	超声仿组织模体校准规范	
JJF 1579—2016	测听设备 听觉诱发电位仪校准规范	
JJF 1580—2016	仿真嘴校准规范	
JJF 1581—2016	手持式声场型听力筛查仪校准规范	
JJF 1588—2016	1kHz～10kHz 矢量水听器校准规范(自由场比较法)	
JJF 1648—2017	管道消声器测试系统校准规范	
JJF 1649—2017	超声骨密度仪校准规范	
JJF 1650—2017	超声探伤仪换能器声场特性校准规范	
JJF 1651—2017	20 Hz～100 kHz 水下噪声源校准规范	
JJF 1652—2017	标准撞击器校准规范	
JJF 1653—2017	电容式工程测量传声器校准规范	
JJF 1727—2018	噪声表校准规范	
JJF 1728—2018	树脂基复合材料超声检测仪校准规范	

现行规范号	规 范 名 称	被代替规范号
JJF 1730—2018	气导助听器电声参数校准规范	
JJF 1731—2018	超声C扫描设备校准规范	
JJF 1732—2018	准静态 d_{33} 测量仪校准规范	
JJF 1734—2018	有源耦合腔校准规范	
JJF 1738—2019	高声压测量传声器动态范围上限校准规范	

6. 振动，转速

现行规范号	规 范 名 称	被代替规范号
JJG 105—2019	转速表检定规程	JJG 105—2000
JJG 134—2003	磁电式速度传感器检定规程	JJG 134—1987
JJG 189—1997	机械式振动试验台检定规程	JJG 189—1987
JJG 233—2008	压电加速度计检定规程	JJG 233—1996
JJG 298—2015	标准振动台检定规程	JJG 298—2005
JJG 326—2006	转速标准装置检定规程	JJG 326—1983
JJG 338—2013	电荷放大器检定规程	JJG 338—1997
JJG 497—2000	碰撞试验台检定规程	JJG 497—1987 JJG 498—1987
JJG 517—2016	出租汽车计价器检定规程	JJG 517—2009 正文部分
JJG 527—2015	固定式机动车雷达测速仪检定规程	JJG 527—2007
JJG 528—2015	移动式机动车雷达测速仪检定规程	JJG 528—2004
JJG 541—2005	落体式冲击试验台检定规程	JJG 541—1988
JJG 559—1988	车速里程表试行检定规程	
JJG 637—2006	高频标准振动台检定规程	JJG 637—1990
JJG 638—2015	液压式振动试验系统检定规程	JJG 638—1990
JJG 644—2003	振动位移传感器检定规程	JJG 644—1990
JJG 645—1990	三型钢轨探伤仪检定规程	
JJG 676—2019	测振仪检定规程	JJG 676—2000

现行规范号	规 范 名 称	被代替规范号
JJG 738—2005	出租汽车计价器标准装置检定规程	JJG 738—1991
JJG 750—1991	装入机动车辆后的车速里程表试行检定规程	
JJG 771—2010	机动车雷达测速仪检定装置检定规程	JJG 771—1992
JJG 779—2004	车速里程表标准装置检定规程	JJG 779—1992
JJG 791—2006	冲击力法冲击加速度标准装置检定规程	JJG 791—1992
JJG 834—2006	动态信号分析仪检定规程	JJG 834—1993
JJG 854—1993	低加速度长持续时间激光-多普勒冲击校准装置检定规程	
JJG 909—2009	滚筒式车速表检验台检定规程	JJG 909—1996
JJG 918—1996	水泥胶砂振动台检定规程	
JJG 921—1996	公害噪声振动计检定规程	
JJG 924—2010	转矩转速测量装置检定规程	JJG 924—1996
JJG 930—1998	基桩动态测量仪检定规程	
JJG 931—1998	冲击试验机摆锤力矩测量仪检定规程	
JJG 948—2018	电动振动试验系统检定规程	JJG 948—1999 JJG 190—1997
JJG 972—2002	离心式恒加速度试验机检定规程	
JJG 973—2002	冲击测量仪检定规程	
JJG 974—2002	水泥软练设备测量仪检定规程	
JJG 1000—2005	电动水平振动试验台检定规程	

现行规范号	规 范 名 称	被代替规范号
JJG 1062—2010	便携式振动校准器检定规程	
JJG 1066—2011	精密离心机检定规程	
JJG 1074—2012	机动车激光测速仪检定规程	
JJG 1076—2012	机动车地感线圈测速系统检定装置检定规程	
JJG 1122—2015	机动车地感线圈测速系统检定规程	
JJG 1134—2017	转速测量仪检定规程	
JJF 1116—2004	线加速度计的精密离心机校准规范	
JJF 1153—2006	冲击加速度计(绝对法)校准规范	
JJF 1185—2007	速度型滚动轴承振动测量仪校准规范	
JJF 1210—2008	低速转台校准规范	
JJF 1219—2009	激光测振仪校准规范	
JJF 1220—2009	颗粒碰撞噪声检测系统校准规范	
JJF 1371—2012	加速度型滚动轴承振动测量仪校准规范	
JJF 1373—2012	动弹仪校准规范	
JJF 1374—2012	电梯限速器测试仪校准规范	
JJF 1426—2013	双离心机法线加速度计动态特性校准规范	
JJF 1427—2013	微机电(MEMS)线加速度计校准规范	
JJF 1453—2014	角运动传感器(角冲击绝对法)校准规范	

现行规范号	规 范 名 称	被代替规范号
JJF 1566—2016	运输包装件水平冲击试验系统校准规范	
JJF 1570—2016	现场动平衡测量分析仪校准规范	
JJF 1612—2017	非接触式测距测速仪校准规范	
JJF 1634—2017	超低频微加速度线加速度计校准规范	
JJF 1635—2017	双离心机校准规范	
JJF 1669—2017	三轴转台校准规范	

7. 温 度

现行规范号	规 范 名 称	被代替规范号
JJG 68—1991	工作用隐丝式光学高温计检定规程	JJG 68—1976
JJG 74—2005	工业过程测量记录仪检定规程	JJG 74—1992 JJG 706—1999
JJG 75—1995	标准铂铑 10 -铂热电偶检定规程	JJG 75—1982
JJG 110—2008	标准钨带灯检定规程	JJG 110—1979
JJG 111—2019	玻璃体温计检定规程	JJG 111—2003
JJG 114—1999	贝克曼温度计检定规程	JJG 114—1990 JJG 789—1992
JJG 115—1999	标准铜-铜镍热电偶检定规程	JJG 115—1990
JJG 130—2011	工作用玻璃液体温度计检定规程	JJG 130—2004 JJG 50—1996 JJG 618—1999 JJG 978—2003
JJG 131—2004	电接点玻璃水银温度计检定规程	JJG 131—1991
JJG 141—2013	工作用贵金属热电偶检定规程	JJG 141—2000
JJG 143—1984	标准镍铬-镍硅热电偶检定规程	JJG 143—1973
JJG 160—2007	标准铂电阻温度计检定规程	JJG 160—1992 JJG 716—1991 JJG 859—1994

现行规范号	规范名称	被代替规范号
JJG 161—2010	标准水银温度计检定规程	JJG 161—1994 JJG 128—2003
JJG 167—1995	标准铂铑30-铂铑6热电偶检定规程	JJG 167—1975
JJG 186—1997	动圈式温度指示/指示位式调节仪表检定规程	JJG 187—1986 JJG 186—1989
JJG 223—1996	海洋电测温度计检定规程	
JJG 225—2001	热能表检定规程	JJG 225—1992
JJG 226—2001	双金属温度计检定规程	JJG 226—1989
JJG 227—1980	标准光学高温计检定规程	
JJG 229—2010	工业铂、铜热电阻检定规程	JJG 229—1998
JJG 285—1993	带时间比例、比例积分微分作用的动圈式温度指示调节仪表检定规程	JJG 285—1982
JJG 288—2005	颠倒温度表检定规程	JJG 288—1982
JJG 289—2019	表层水温表检定规程	JJG 289—2005
JJG 310—2002	压力式温度计检定规程	JJG 310—1983
JJG 330—2005	机械式深度温度计检定规程	JJG 330—1983
JJG 344—2005	镍铬-金铁热电偶检定规程	JJG 344—1984
JJG 350—1994	标准套管铂电阻温度计检定规程	JJG 350—1984
JJG 368—2000	工作用铜-铜镍热电偶检定规程	JJG 368—1984
JJG 542—1997	金-铂热电偶检定规程	
JJG 572—1988	带电动PID调节电子自动平衡记录仪检定规程	
JJG 617—1996	数字温度指示调节仪检定规程	JJG 617—1989

现行规范号	规 范 名 称	被代替规范号
JJG 668—1997	工作用 铂铑 10 - 铂 铂铑 13 - 铂 短型热电偶检定规程	
JJG 684—2003	表面铂热电阻检定规程	JJG 684—1990
JJG 717—1991	标准辐射感温器检定规程	
JJG 809—1993	数字式石英晶体测温仪检定规程	
JJG 833—2007	标准组铂铑 10 - 铂热电偶检定规程	JJG 833—1993
JJG 855—1994	数字式量热温度计检定规程	
JJG 856—2015	工作用辐射温度计检定规程	JJG 856—1994 JJG 415—2001 JJG 67—2003
JJG 858—2013	标准铑铁电阻温度计检定规程	JJG 858—1994
JJG 874—2007	温度指示控制仪检定规程	JJG 874—1994
JJG 881—1994	标准体温计检定规程	
JJG 951—2000	模拟式温度指示调节仪检定规程	
JJG 985—2004	高温铂电阻温度计工作基准装置检定规程	
JJG 1032—2007	标准光电高温计检定规程	
JJG 1162—2019	医用电子体温计检定规程	
JJG 1164—2019	红外耳温计检定规程	
JJF 1030—2010	恒温槽技术性能测试规范	JJF 1030—1998
JJF 1049—1995	温度传感器动态响应校准规范	
JJF 1098—2003	热电偶、热电阻自动测量系统校准规范	

现行规范号	规 范 名 称	被代替规范号
JJF 1107—2003	测量人体温度的红外温度计校准规范	
JJF 1170—2007	负温度系数低温电阻温度计校准规范	JJG 857—1994
JJF 1171—2007	温度巡回检测仪校准规范	JJG 718—1991
JJF 1176—2007	(0～1500)℃钨铼热电偶校准规范	JJG 576—1988
JJF 1178—2007	用于标准铂电阻温度计的固定点装置校准规范	
JJF 1183—2007	温度变送器校准规范	JJG 829—1993
JJF 1184—2007	热电偶检定炉温度场测试技术规范	
JJF 1187—2008	热像仪校准规范	
JJF 1226—2009	医用电子体温计校准规范	
JJF 1257—2010	干体式温度校准器校准方法	
JJF 1262—2010	铠装热电偶校准规范	
JJF 1309—2011	温度校准仪校准规范	
JJF 1366—2012	温度数据采集仪校准规范	
JJF 1376—2012	箱式电阻炉校准规范	
JJF 1379—2012	热敏电阻测温仪校准规范	JJG 363—1984 JJG 367—1984
JJF 1407—2013	WBGT 指数仪温度计校准规范	
JJF 1409—2013	表面温度计校准规范	JJG 364—1994
JJF 1412—2013	临床用变色体温计校准规范	
JJF 1552—2015	辐射测温用－10℃～200℃黑体辐射源校准规范	
JJF 1564—2016	温湿度标准箱校准规范	
JJF 1629—2017	烙铁温度计校准规范	

现行规范号	规范名称	被代替规范号
JJF 1630—2017	分布式光纤温度计校准规范	
JJF 1631—2017	连续热电偶校准规范	
JJF 1632—2017	温度开关温度参数校准规范	
JJF 1637—2017	廉金属热电偶校准规范	JJG 351—1996
JJF 1664—2017	温度显示仪校准规范	
JJF 1676—2017	无源医用冷藏箱温度参数校准规范	

8. 电磁

现行规范号	规范名称	被代替规范号
JJG 123—2004	直流电位差计检定规程	JJG 123—1988
JJG 124—2005	电流表、电压表、功率表及电阻表检定规程	JJG 124—1993
JJG 125—2004	直流电桥检定规程	JJG 125—1986
JJG 126—1995	交流电量变换为直流电量电工测量变送器检定规程	
JJG 153—1996	标准电池检定规程	JJG 153—1986
JJG 163—1991	电容工作基准检定规程	
JJG 166—1993	直流电阻器检定规程	JJG 166—1984 JJG 126—1988
JJG 169—2010	互感器校验仪检定规程	JJG 169—1993
JJG 183—2017	标准电容器检定规程	JJG 183—1992
JJG 218—1991	电感工作基准检定规程	
JJG 242—1995	特斯拉计检定规程	JJG 242—1982
JJG 244—2003	感应分压器检定规程	JJG 244—1981
JJG 307—2006*	机电式交流电能表检定规程	JJG 307—1988
JJG 313—2010	测量用电流互感器检定规程	JJG 313—1994
JJG 314—2010	测量用电压互感器检定规程	JJG 314—1994
JJG 316—1983	磁通量具试行检定规程	
JJG 317—1983	磁通表试行检定规程	
JJG 352—1984	永磁材料标准样品磁特性试行检定规程	

现行规范号	规 范 名 称	被代替规范号
JJG 354—1984	软磁材料标准样品磁特性试行检定规程	
JJG 366—2004	接地电阻表检定规程	JJG 366—1986
JJG 405—1986	硅钢片(带)标准样品试行检定规程	
JJG 406—1986	弱磁材料标准样品试行检定规程	
JJG 407—1986	电工纯铁标准样品试行检定规程	
JJG 440—2008	工频单相相位表检定规程	JJG 440—1986
JJG 441—2008	交流电桥检定规程	JJG 441—1986
JJG 484—2007	直流测温电桥检定规程	JJG 484—1987
JJG 485—1987	万能比例臂电桥检定规程	
JJG 486—1987	微调电阻箱试行检定规程	
JJG 487—1987	三次平衡双电桥检定规程	
JJG 493—1987	软磁材料音频磁特性标准样品(交流磁化曲线及幅值磁导率)检定规程	
JJG 494—2005	高压静电电压表检定规程	JJG 494—1987
JJG 495—2006	直流磁电系检流计检定规程	JJG 495—1987
JJG 496—2016	工频高压分压器检定规程	JJG 496—1996
JJG 505—2004	直流比较仪式电位差计检定规程	JJG 505—1987
JJG 506—2010	直流比较仪式电桥检定规程	JJG 506—1987
JJG 531—2003	直流电阻分压箱检定规程	JJG 531—1988

现行规范号	规范名称	被代替规范号
JJG 533—2007	标准模拟应变量校准器检定规程	JJG 533—1988
JJG 546—2010	直流比较电桥检定规程	JJG 546—1988
JJG 563—2004	高压电容电桥检定规程	JJG 563—1988
JJG 569—2014	最大需量电能表检定规程	JJG 569—1988
JJG 588—2018	冲击峰值电压表检定规程	JJG 588—1996
JJG 596—1999	电子式电能表检定规程	JJG 596—1989
JJG 596—2012	电子式交流电能表检定规程	JJG 596—1999 安装式电能表部分
JJG 597—2005	交流电能表检定装置检定规程	JJG 597—1989
JJG 622—1997*	绝缘电阻表(兆欧表)检定规程	JJG 622—1989
JJG 623—2005	电阻应变仪检定规程	JJG 623—1989
JJG 690—2003	高绝缘电阻测量仪(高阻计)检定规程	JJG 690—1990
JJG 691—2014	多费率交流电能表检定规程	JJG 691—1990
JJG 719—1991	直流电动势工作基准检定规程	
JJG 726—2017	标准电感器检定规程	JJG 726—1991
JJG 780—1992	交流数字功率表检定规程	
JJG 795—2016	耐电压测试仪检定规程	JJG 795—2004
JJG 837—2003	直流低电阻表检定规程	JJG 837—1993
JJG 842—2017	电子式直流电能表检定规程	JJG 842—1993
JJG 843—2007	泄漏电流测试仪检定规程	JJG 843—1993
JJG 872—1994	磁通标准测量线圈检定规程	

现行规范号	规 范 名 称	被代替规范号
JJG 873—1994	直流高阻电桥检定规程	
JJG 970—2002	变压比电桥检定规程	
JJG 982—2003	直流电阻箱检定规程	JJG 166—1993 直流电阻箱部分
JJG 984—2004	接地导通电阻测试仪检定规程	
JJG 1005—2019	电子式绝缘电阻表检定规程	JJG 1005—2005
JJG 1007—2005	直流高压分压器检定规程	
JJG 1021—2007	电力互感器检定规程	
JJG 1049—2009	强磁场交变磁强计检定规程	
JJG 1052—2009	回路电阻测试仪、直阻仪检定规程	
JJG 1054—2009	钳形接地电阻仪检定规程	
JJG 1075—2012	高压标准电容器检定规程	
JJG 1085—2013	标准电能表检定规程	JJG 596—1999 标准电能表部分
JJG 1099—2014	预付费交流电能表检定规程	
JJG 1106—2015	工作用静止式谐波有功电能表检定规程	
JJG 1112—2015	继电保护测试仪检定规程	
JJG 1115—2015	局部放电校准器检定规程	
JJG 1120—2015	高压开关动作特性测试仪检定规程	
JJG 1126—2016	高压介质损耗因数测试仪检定规程	

现行规范号	规 范 名 称	被代替规范号
JJG 1137—2017	高压相对介损及电容测试仪检定规程	
JJG 1139—2017	计量用低压电流互感器自动化检定系统检定规程	
JJG 1156—2018	直流电压互感器检定规程	
JJG 1157—2018	直流电流互感器检定规程	
JJG 1165—2019	三相组合互感器检定规程	
JJG 1168—2019	交流峰值电压表检定规程	
JJF 1036—1993	交流电能表检定装置试验规范	
JJF 1038—1993	直流电阻计量保证方案技术规范(试行)	
JJF 1041—1993	磁性材料磁参数计量保证方案技术规范(试行)	
JJF 1042—1993	直流电动势计量保证方案技术规范(试行)	
JJF 1047—1994	磁耦合直流电流测量变换器校准规范	
JJF 1067—2014	工频电压比例标准装置校准规范	JJG 1067—2000
JJF 1068—2000	工频电流比例标准装置校准规范	
JJF 1075—2015	钳形电流表校准规范	JJF 1075—2001
JJF 1087—2002	直流大电流测量过程控制技术规范	
JJF 1217—2009	高频电刀校准规范	
JJF 1239—2010	稀土永磁体磁性温度系数测量技术规范	

现行规范号	规 范 名 称	被代替规范号
JJF 1264—2010	互感器负荷箱校准规范	
JJF 1273—2011	磁粉探伤机校准规范	
JJF 1284—2011	交直流电表校验仪校准规范	
JJF 1285—2011	表面电阻测试仪校准规范	
JJF 1341—2012	钢筋锈蚀测量仪校准规范	
JJF 1444—2014	直流比较仪式测温电桥校准规范	
JJF 1457—2014	线缆测试仪校准规范	
JJF 1458—2014	磁轭式磁粉探伤机校准规范	
JJF 1462—2014	直流电子负载校准规范	
JJF 1472—2014	过程仪表校验仪校准规范	
JJF 1491—2014	数字式交流电参数测量仪校准规范	
JJF 1502—2015	基准镇流器校准规范	
JJF 1516—2015	非铁磁金属电导率样(标)块校准规范	
JJF 1517—2015	非接触式静电电压测量仪校准规范	
JJF 1519—2015	磁通门磁强计校准规范	
JJF 1540—2015	在线绕组温升测试仪校准规范	
JJF 1558—2016	测量用变频电量变送器校准规范	
JJF 1559—2016	变频电量分析仪校准规范	
JJF 1584—2016	电流互感器伏安特性测试仪校准规范	
JJF 1587—2016	数字多用表校准规范	JJG 315—1983 JJG 598—1989

现行规范号	规 范 名 称	被代替规范号
JJF 1597—2016	直流稳定电源校准规范	JJG 724—1991
JJF 1616—2017	脉冲电流法局部放电测试仪校准规范	
JJF 1617—2017	电子式互感器校准规范	
JJF 1618—2017	绝缘油介质损耗因数及体积电阻率测试仪校准规范	
JJF 1619—2017	互感器二次压降及负荷测试仪校准规范	
JJF 1620—2017	电池内阻测试仪校准规范	
JJF 1636—2017	交流电阻箱校准规范	
JJF 1638—2017	多功能标准源校准规范	JJG 445—1986
JJF 1656—2017	磁力式磁强计校准规范	
JJF 1667—2017	工频谐波测量仪器校准规范	
JJF 1691—2018	绕阻匝间绝缘冲击电压试验仪校准规范	
JJF 1692—2018	涡流电导率仪校准规范	
JJF 1723—2018	交直流模拟电阻器校准规范	
JJF 1726—2018	数字式静电计校准规范	

9. 无 线 电

现行规范号	规 范 名 称	被代替规范号
JJG 120—1990	波形监视器检定规程	
JJG 121—1990	视频杂波测试仪检定规程	
JJG 122—1986	DO6 型精密有效值电压表检定规程	
JJG 137—1986	CC-6 型小电容测量仪检定规程	
JJG 173—2003	信号发生器检定规程	JJG 173—1986 JJG 174—1985 JJG 324—1983 JJG 325—1983 JJG 339—1983 JJG 438—1986
JJG 197—1979	LCCG-1 型高频电感电容测量仪试行检定规程	
JJG 250—1990	电子电压表检定规程	JJG 250—1981
JJG 251—1997	失真度测量仪检定规程	JJG 251—1981
JJG 252—1981	RS-2 及 RS-3 型校准接收机检定规程	
JJG 253—1981	用 Д1-2 型衰减标准装置检定衰减器检定规程	
JJG 254—1990	补偿式电压表检定规程	JJG 254—1981
JJG 255—1981	三厘米波导热敏电阻座检定规程	
JJG 256—1981	DYB-2 型电子管电压表检定仪检定规程	

现行规范号	规 范 名 称	被代替规范号
JJG 262—1996	模拟示波器检定规程	JJG 262—1981 JJG 411—1986 JJG 542—1988
JJG 278—2002	示波器校准仪检定规程	JJG 278—1981
JJG 281—1981	波导测量线检定规程	
JJG 282—1981	同轴热电薄膜功率座检定规程	
JJG 303—1982	频偏测量仪检定规程	
JJG 308—2013	射频电压表检定规程	JJG 279—1981 JJG 308—1983 JJG 319—1983
JJG 318—1983	DO-2 型高频电压校准装置检定规程	
JJG 320—1983	波导噪声发生器检定规程	
JJG 321 1983	串联高频替代法检定衰减器检定规程	
JJG 322—1983	回转衰减器检定规程	
JJG 323—1983	波导型标准移相器检定规程	
JJG 357—1984	6460 型热电薄膜功率计试行检定规程	
JJG 358—1984	RR-2A 型干扰场强测量仪试行检定规程	
JJG 359—1984	300MHz 频率特性测试仪试行检定规程	
JJG 360—1984	同轴测量线检定规程	
JJG 361—2003	脉冲电压表检定规程	JJG 361—1984
JJG 362—1984	DO16 型超高频微伏电压校准装置试行检定规程	

现行规范号	规 范 名 称	被代替规范号
JJG 374—1997	电平振荡器检定规程	
JJG 381—1986	BX-21型低频数字相位计检定规程	
JJG 387—2005	同轴电阻式衰减器检定规程	JJG 387—1985 JJG 419—1986 JJG 507—1987
JJG 409—1986	射频同轴热电转换标准检定规程	
JJG 410—1994	精密交流电压校准源检定规程	JJG 410—1986
JJG 418—1986	HL18型雷达综合测试仪检定规程	
JJG 420—1986	高频标准零电平表检定规程	
JJG 421—1986	CJ-2型高频介质损耗测量仪检定规程	
JJG 422—1986	WD-1型微电位计检定规程	
JJG 423—1986	RR7型干扰场强测量仪检定规程	
JJG 435—1986	同轴衰减型中功率座检定规程	
JJG 439—1986	中频精密截止式衰减器检定规程	
JJG 442—1986	UHF电视扫频仪试行检定规程	
JJG 446—1986	931B型有效值差分电压表检定规程	
JJG 447—1986	1103-(1～4)型同轴功率传递标准座试行检定规程	
JJG 490—2002	脉冲信号发生器检定规程	JJG 490—1993 JJG 263—1981

现行规范号	规范名称	被代替规范号
JJG 491—1987	1GHz取样示波器检定规程	
JJG 504—1987	CLX-2型和CLX-$\frac{20A}{20B}$型大接头平板型同轴测量线检定规程	
JJG 508—2004	四探针电阻率测试仪检定规程	JJG 508—1987
JJG 516—1987	BJ2920(HQ2)型数字式晶体三极管综合(直流)参数测试仪检定规程	
JJG 532—1988	三厘米波导标准负载检定规程	
JJG 534—1988	“1107-1～1107-5”系列波导射频功率传递标准检定规程	
JJG 561—2016	近区电场测试仪检定规程	JJG 561—1988
JJG 562—1988	DCHY-801型近区电场测量仪试行检定规程	
JJG 599—1989	低失真信号发生器检定规程	
JJG 600—1989	存贮示波器检定规程	
JJG 602—2014	低频信号发生器检定规程	JJG 602—1996 JJG 64—1990 JJG 230—1980
JJG 611—1989	RR3A型干扰场强测量仪检定规程	
JJG 725—1991	晶体管直流和低频参数测试仪检定规程	
JJG 737—1997	0Hz～30MHz可变衰减器检定规程	
JJG 776—2014	微波辐射与泄漏测量仪检定规程	JJG 776—1992

现行规范号	规 范 名 称	被代替规范号
JJG 782—1992	低频电子电压表检定规程	
JJG 802—2019	失真度仪校准器检定规程	JJG 802—1993
JJG 838—1993	晶体管特性图示仪校准仪检定规程	
JJG 840—2015	函数发生器检定规程	JJG 840—1993
JJG 957—2015	逻辑分析仪检定规程	JJG 957—2000
JJG 977—2003	IC 卡公用电话计时计费装置检定规程	
JJG 1015—2006	通用数字集成电路测试系统检定规程	
JJG 1024—2007	脉冲功率计检定规程	
JJG 1057—2010	电视信号场强仪检定规程	
JJG 1068—2011	固态电压标准检定规程	
JJG 1069—2011	直流分流器检定规程	
JJG 1072—2011	直流高压值电阻器检定规程	JJG 166—1993 直流高压高值电阻器部分
JJF 1039—1993	同轴功率计量保证方案技术规范(试行)	
JJF 1040—1993	射频衰减计量保证方案技术规范(试行)	
JJF 1048—1995	数据采集系统校准规范	
JJF 1057—1998	数字存储示波器校准规范	
JJF 1065—2000	射频通信测试仪校准规范	
JJF 1073—2000	高频 Q 表校准规范	JJG 382—1985

现行规范号	规 范 名 称	被代替规范号
JJF 1095—2002	电容器介质损耗测量仪校准规范	JJG 136—1986
JJF 1111—2003	调制度测量仪校准规范	JJG 437—1989
JJF 1127—2004	射频阻抗/材料分析仪校准规范	JJG 127—1986
JJF 1128—2004	矢量信号分析仪校准规范	
JJF 1131—2005	DTMA-GSM 数字移动通信综合测试仪校准规范	
JJF 1144—2006	电磁骚扰测量接收机校准规范	
JJF 1152—2006	任意波发生器校准规范	
JJF 1155—2006	30MHz～1.0GHz 吸收式功率钳校准规范	
JJF 1160—2006	中小规模数字集成电路测试设备校准规范	
JJF 1173—2018	测量接收机校准规范	JJF 1173—2007
JJF 1174—2017	矢量信号发生器校准规范	JJF 1174—2007
JJF 1177—2007	CDMA 数字移动通信综合测试仪校准规范	
JJF 1179—2007	集成电路高温动态老化系统校准规范	
JJF 1204—2008	TD-SCDMA 数字移动通信综合测试仪校准规范	
JJF 1205—2008	谐波和闪烁分析仪校准规范	
JJF 1235—2010	电视视频信号发生器校准规范	
JJF 1236—2010	半导体管特性图示仪校准规范	
JJF 1237—2017	SDH/PDH 传输分析仪校准规范	JJF 1237—2010

现行规范号	规 范 名 称	被代替规范号
JJF 1238—2010	集成电路静电放电敏感度测试设备校准规范	
JJF 1269—2010	压电集合电路传感器(IEPE)放大器校准规范	
JJF 1276—2011	宽带码分多址接入(WCDMA)数字移动通信综合测试仪校准规范	
JJF 1277—2011	无限局域网测试仪校准规范	
JJF 1278—2011	蓝牙测试仪校准规范	
JJF 1286—2011	无线信道模拟器校准规范	
JJF 1386—2013	中功率计校准规范	
JJF 1387—2013	矢量示波器校准规范	
JJF 1394—2013	无线路测仪校准规范	
JJF 1395—2013	音频分析仪校准规范	
JJF 1396—2013	频谱分析仪校准规范	JJG 501—2000
JJF 1397—2013	静电放电模拟器校准规范	
JJF 1437—2013	示波器电压探头校准规范	
JJF 1442—2014	宽带同轴噪声发生器校准规范	
JJF 1443—2014	LTE 数字移动通信综合测试仪校准规范	
JJF 1454—2014	数字抖动仪校准规范	
JJF 1455—2014	电视视频信号分析仪校准规范	
JJF 1460—2014	噪声系数分析仪校准规范	JJG 839—1993
JJF 1461—2014	小功率传递标准校准规范	

现行规范号	规范名称	被代替规范号
JJF 1463—2014	无源互调测试仪校准规范	
JJF 1470—2014	多参数生理模拟仪校准规范	
JJF 1494—2014	网络线缆分析仪校准规范	
JJF 1495—2014	矢量网络分析仪校准规范	
JJF 1498—2014	高速串行误码仪校准规范	
JJF 1532—2015	基带衰落模拟器校准规范	
JJF 1533—2015	白噪声信号发生器校准规范	
JJF 1534—2015	数据网络性能测试仪校准规范	
JJF 1602—2016	射频识别(RFID)测试仪校准规范	
JJF 1672—2017	电快速瞬变脉冲群模拟器校准规范	
JJF 1673—2017	电压暂降、短时中断和电压变化试验发生器校准规范	
JJF 1678—2017	Z射频和微波功率放大器校准规范	
JJF 1679—2017	ZigBee综合测试仪校准规范	
JJF 1680—2017	定向耦合器及驻波比电桥校准规范	JJG 796—1992
JJF 1683—2017	抖晃仪校准规范	JJG 47—1990
JJF 1705—2018	人工电源网络校准规范	
JJF 1706—2018	9kHz～30MHz鞭状天线校准规范	
JJF 1710—2018	频率响应分析仪校准规范	
JJF 1713—2018	高频电容损耗标准器校准规范	JJG 66—1990
JJF 1735—2018	高频 Q 值标准线圈校准规范	JJG 69—1990

现行规范号	规 范 名 称	被代替规范号
JJF 1737—2019	工频磁场模拟器校准规范	
JJF 1740—2019	天馈线测试仪校准规范	
JJF 1741—2019	浪涌(冲击)模拟器校准规范	
JJF 1742—2019	高清视频信号发生器校准规范	
JJF 1756—2019	低频相位计校准规范	JJG 381—1986
JJF 1757—2019	功率指示器校准规范	JJG 280—1981
JJF 1758—2019	低频移相器及相位发生器校准规范	JJG 530—1988
JJF 1759—2019	衰减校准装置校准规范	JJG 424—1986
JJF 1760—2019	硅单晶电阻率标准样片校准规范	JJG 48—2004
JJF 1761—2019	选频电平表校准规范	JJG 777—1992

10. 时间，频率

现行规范号	规范名称	被代替规范号
JJG 106—1981	指针式精密时钟检定规程	规(G)时-1—1963
JJG 107—2002	单机型和集中管理分散计费型电话计时计费器检定规程	JJG 107—1995
JJG 180—2002	电子测量仪器内石英晶体振荡器检定规程	JJG 180—1978
JJG 181—2005	石英晶体频率标准检定规程	JJG 181—1989
JJG 200—1980	外差式频率计检定规程	
JJG 237—2010	秒表检定规程	JJG 237—1995
JJG 238—2018	时间间隔测量仪检定规程	JJG 238—1995 JJG 953—2000
JJG 292—2009	铷原子频率标准检定规程	JJG 292—1996
JJG 349—2014	通用计数器检定规程	JJG 349—2001
JJG 433—2004	比相仪检定规程	JJG 433—1986
JJG 434—1986	彩色电视副载频校频仪检定规程	
JJG 488—2018	瞬时日差测量仪检定规程	JJG 488—2008
JJG 492—2009	铯原子频率标准检定规程	JJG 492—1987
JJG 502—2017	合成信号发生器检定规程	JJG 502—2004
JJG 503—1987	PB-2型十进频率仪检定规程	
JJG 545—2015	频标比对器检定规程	JJG 545—2006
JJG 601—2003	时间检定仪检定规程	JJG 601—1989

现行规范号	规 范 名 称	被代替规范号
JJG 603—2018	频率表检定规程	JJG 603—2006 JJG 509—1987
JJG 720—1991	宽频带频率稳定度时域测量装置检定规程	
JJG 721—2010	相位噪声测量系统检定规程	JJG 721—1991
JJG 722—2018	标准数字时钟检定规程	JJG 722—1991
JJG 723—2008	时间间隔发生器检定规程	JJG 723—1991 JJG 803—1993
JJG 841—2012	微波频率计数器检定规程	JJG 841—1993
JJG 983—2003	单机型和集中管理分散型电话计费器检定仪检定规程	
JJG 1004—2005	氢原子频率标准检定规程	
JJG 1010—2013	电子停车计时收费表检定规程	JJG 1010—2006
JJG 1065—2011	IC 卡节水计时计费器检定规程	
JJF 1206—2018	时间与频率标准远程校准规范	JJF 1206—2008
JJF 1282—2011	电子式时间继电器校准规范	
JJF 1283—2011	剩余电流动作保护器动作特性检测仪校准规范	
JJF 1360—2012	滑行时间检测仪校准规范	
JJF 1400—2013	时间继电器测试仪校准规范	
JJF 1401—2013	振弦式频率读数仪校准规范	
JJF 1403—2013	全球导航卫星系统(GNSS)接收机(时间测量型)校准规范	
JJF 1430—2013	X 射线计时器校准规范	
JJF 1471—2014	全球导航卫星系统(GNSS)信号模拟器校准规范	

现行规范号	规 范 名 称	被代替规范号
JJF 1578.1—2016	网络预约出租汽车经营服务平台计程计时验证方法(试行)	
JJF 1578.2—2016	网络预约出租汽车移动卫星定位终端计程计时检测方法(试行)	
JJF 1578.3—2016	网络预约出租汽车车载卫星定位终端计程计时检测方法(试行)	
JJF 1658—2017	电压失压计时器校准规范	
JJF 1662—2017	时钟测试仪校准规范	
JJF 1677—2017	频率分配放大器校准规范	
JJF 1686—2018	脉冲计数器校准规范	
JJF 1703—2018	谐振式波长计校准规范	JJG 348—1984
JJF 1724—2018	时码发生器校准规范	
JJF 1725—2018	脉冲分配放大器校准规范	

11. 电离辐射

现行规范号	规 范 名 称	被代替规范号
JJG 40—2011	X 射线探伤机检定规程	JJG 40—2001
JJG 377—2019	放射性活度计检定规程	JJG 377—1998
JJG 393—2018	便携式 X、γ 辐射周围剂量当量(率)仪和监测仪检定规程	JJG 393—2003
JJG 416—1986	铂铱合金管镭源检定规程	
JJG 417—2006	γ 谱仪检定规程	JJG 417—1986
JJG 478—2016	α、β 表面污染仪检定规程	JJG 478—1996
JJG 513—1987	直读式验电器型个人剂量计试行检定规程	
JJG 521—2006	环境监测用 X、γ 辐射空气比释动能(吸收剂量)率仪检定规程	JJG 521—1988
JJG 575—1994*	锗 γ 谱仪体源活度测量装置检定规程	
JJG 589—2008	医用电子加速器辐射源检定规程	JJG 589—2001
JJG 591—1989	γ 射线辐射源(辐射加工用)检定规程	
JJG 593—2016	个人和环境监测用 X、γ 辐射热释光剂量测量系统检定规程	JJG 593—2006
JJG 735—1991	γ 射线水吸收剂量标准剂量计(辐射加工级)检定规程	
JJG 744—2004	医用诊断 X 射线辐射源检定规程	JJG 744—1997

现行规范号	规 范 名 称	被代替规范号
JJG 751—1991	4πγ电离室活度标准装置检定规程	
JJG 752—1991	锗γ谱仪活度标准装置检定规程	
JJG 772—1992	电子束辐射源(辐射加工用)检定规程	
JJG 773—2013	医用γ射线后装近距离治疗辐射源检定规程	JJG 773—1992
JJG 775—1992	γ射线辐射加工工作剂量计检定规程	
JJG 807—1993	利用放射源的测量仪表检定规程	
JJG 825—2013	测氡仪检定规程	JJG 825—1993
JJG 851—1993	电子束辐射加工工作剂量计检定规程	
JJG 852—2019	中子周围剂量当量(率)仪检定规程	JJG 852—2006
JJG 853—2013	低本底α、β测量仪检定规程	JJG 853—1993
JJG 912—2010	治疗水平电离室剂量计检定规程	JJG 912—1996
JJG 933—1998	γ射线探伤机检定规程	JJG 582—1988
JJG 961—2017	医用诊断螺旋计算机断层摄影装置(CT)X射线辐射源检定规程	JJG 961—2001 JJG 1026—2007
JJG 962—2010	X、γ辐射个人剂量当量率报警仪检定规程	JJG 962—2001

现行规范号	规 范 名 称	被代替规范号
JJG 969—2002	γ放射免疫计数器检定规程	
JJG 1009—2016	X、γ辐射个人剂量当量 $H_P(10)$ 监测仪检定规程	JJG 1009—2006
JJG 1013—2006	头部立体定向放射外科γ辐射治疗源检定规程	
JJG 1027—2007	医用^{60}Co远距离治疗辐射源检定规程	JJG 589—2001 γ治疗辐射源部分
JJG 1028—2007	放射治疗模拟定位X射线辐射源检定规程	
JJG 1050—2009	X、γ射线骨密度仪检定规程	
JJG 1053—2009	60kV～300kV X射线治疗辐射源检定规程	
JJG 1059—2010	个人与环境监测用X、γ辐射热释光剂量计检定规程	
JJG 1067—2011	医用诊断数字减影血管造影(DSA)系统X射线辐射源检定规程	
JJG 1078—2012	医用数字摄影(CR、DR)系统X射线辐射源检定规程	
JJG 1100—2014	流气正比计数器 总α、总β测量仪检定规程	
JJG 1101—2014	医用诊断全景牙科X射线辐射源检定规程	
JJG 1102—2014	固定式α、β个人表面污染监测装置检定规程	

现行规范号	规 范 名 称	被代替规范号
JJG 1145—2017	医用乳腺X射线辐射源检定规程	
JJF 1017—1990	使用硫酸铈-亚铈剂量计测量γ射线水吸收剂量标准方法	
JJF 1018—1990	使用重铬酸钾(银)剂量计测量γ射线水吸收剂量标准方法	
JJF 1019—1990	^{60}Co远距离治疗束吸收剂量的邮寄监测方法	
JJF 1020—1990	γ射线辐射加工剂量保证监测方法	
JJF 1028—1991	使用重铬酸银剂量计测量γ射线水吸收剂量标准方法	
JJF 1044—1993	放射性核素活度计量保证方案技术规范(试行)	
JJF 1133—2005	X射线荧光光谱法黄金含量分析仪校准规范	
JJF 1249—2010	放射性溶液校准规范	
JJF 1266—2010	行人与行李放射性监测装置校准规范	
JJF 1267—2010	同位素稀释质谱基准方法	
JJF 1268—2010	医用X射线CT模体校准规范	
JJF 1275—2011	X射线安全检查仪校准规范	
JJF 1432—2013	医用X射线非介入曝光时间表校准规范	
JJF 1459—2014	医用诊断X射线管电荷量(mAs)计校准规范	

现行规范号	规 范 名 称	被代替规范号
JJF 1473—2014	医用诊断X射线非介入电流仪校准规范	
JJF 1474—2014	医用诊断X射线非介入式管电压表校准规范	
JJF 1479—2014	剂量面积乘积仪校准规范	
JJF 1480—2014	液体闪烁计数器校准规范	
JJF 1582—2016	放射性(比)活度快速检测仪校准规范	
JJF 1596—2016	X射线工业实时成像系统校准规范	
JJF 1598—2016	气载放射性碘监测仪校准规范	
JJF 1621—2017	诊断水平剂量计校准规范	
JJF 1687—2018	用于探测与识别放射性核素的手持式辐射监测仪校准规范	
JJF 1688—2018	实时焦点测量仪校准规范	
JJF 1702—2018	α、β平面源校准规范	JJG 788—1992
JJF 1733—2018	固定式环境γ辐射空气比释动能(率)仪现场校准规范	
JJF 1743—2019	放射治疗用电离室剂量计水吸收剂量校准规范	
JJF 1744—2019	闪烁体探测器γ谱仪校准规范	
JJF 1745—2019	放射治疗用的二维剂量计校准规范	

12. 化 学

现行规范号	规 范 名 称	被代替规范号
JJG 119—2018	实验室 pH(酸度)计检定规程	JJG 119—2005
JJG 154—2012	标准毛细管黏度计检定规程	JJG 154—1979
JJG 155—2016	工作毛细管黏度计检定规程	JJG 155—1991
JJG 178—2007	紫外、可见、近红外分光光度计检定规程	JJG 178—1996 JJG 375—1996 JJG 682—1990 JJG 689—1990
JJG 179—1990*	滤光光电比色计检定规程	JJG 179—1981
JJG 214—1980 2005 年确认有效	滚动落球粘度计试行检定规程	
JJG 228—1993 2005 年确认有效	静态激光小角光散射光度计检定规程	
JJG 291—2018	溶解氧测定仪检定规程	JJG 291—2008
JJG 342—2014	凝胶色谱仪检定规程	JJG 342—1993
JJG 365—2008	电化学氧测定仪检定规程	JJG 365—1998
JJG 376—2007	电导率仪检定规程	JJG 376—1985
JJG 390—1985 2005 年确认有效	船用 pH 计检定规程	
JJG 392—1996 2005 年确认有效	感应式盐度计检定规程	JJG 392—1985
JJG 395—2016	定碳定硫分析仪检定规程	JJG 395—1997
JJG 412—2005	水流型气体热量计检定规程	JJG 412—1986
JJG 464—2011	半自动生化分析仪检定规程	JJG 464—1996

现行规范号	规范名称	被代替规范号
JJG 499—2004	精密露点仪检定规程	JJG 499—1987
JJG 500—2005	电解法湿度仪检定规程	JJG 500—1987
JJG 520—2005	粉尘采样器检定规程	JJG 520—2002
JJG 535—2004	氧化锆氧分析器检定规程	JJG 535—1988
JJG 536—2015	旋光仪及旋光糖量计检定规程	JJG 536—1998
JJG 537—2006	荧光分光光度计检定规程	JJG 537—1988 JJG 538—1988
JJG 548—2018	测汞仪检定规程	JJG 548—2004
JJG 549—1988 2005年确认有效	方波极谱仪试行检定规程	
JJG 550—1988 2005年确认有效	扫描电子显微镜试行检定规程	
JJG 551—2003	二氧化硫气体检测仪检定规程	JJG 551—1988 JJG 816—1993
JJG 552—1988	血细胞计数板试行检定规程	
JJG 553—1988	血液气体酸碱分析仪检定规程	
JJG 629—2014	多晶X射线衍射仪检定规程	JJG 629—1989
JJG 630—2007	火焰光度计检定规程	JJG 630—1989
JJG 631—2013	氨氮自动监测仪检定规程	JJG 631—2004
JJG 635—2011	一氧化碳、二氧化碳红外气体分析器检定规程	JJG 635—1999
JJG 656—2013	硝酸盐氮自动监测仪检定规程	JJG 656—1990
JJG 657—2019	呼出气体酒精含量检测仪检定规程	JJG 657—2006

现行规范号	规 范 名 称	被代替规范号
JJG 658—2010	烘干法水分测定仪检定规程	JJG 658—1990
JJG 662—2005	顺磁式氧分析器检定规程	JJG 662—1990
JJG 663—1990	热导式氢分析器检定规程	
JJG 672—2018	氧弹热量计检定规程	JJG 672—2001
JJG 677—2006	光干涉式甲烷测定器检定规程	JJG 677—1996
JJG 678—2007	催化燃烧式甲烷测定器检定规程	JJG 678—1996
JJG 680—2007	烟尘采样器检定规程	JJG 680—1990
JJG 681—1990 2005 年确认有效	色散型红外分光光度计检定规程	
JJG 693—2011	可燃气体检测报警器检定规程	JJG 693—2004 JJG 940—1998
JJG 694—2009	原子吸收分光光度计检定规程	JJG 694—1990
JJG 695—2019	硫化氢气体检测仪检定规程	JJG 695—2003
JJG 700—2016	气相色谱仪检定规程	JJG 700—1999
JJG 701—2008	熔点测定仪检定规程	JJG 701—1990 JJG 463—1996
JJG 705—2014	液相色谱仪检定规程	JJG 705—2002
JJG 715—1991	水质综合分析仪检定规程	
JJG 742—1991 2005 年确认有效	恩氏粘度计检定规程	
JJG 743—2018	流出杯式黏度计检定规程	JJG 743—1991
JJG 748—2007	示波极谱仪检定规程	JJG 748—1991
JJG 757—2018	实验室离子计检定规程	JJG 757—2007

现行规范号	规 范 名 称	被代替规范号
JJG 758—1991	罗维朋比色计检定规程	
JJG 761—2016	电极式盐度计检定规程	JJG 761—1991
JJG 763—2019	温盐深测量仪检定规程	JJG 763—2002
JJG 768—2005	发射光谱仪检定规程	JJG 768—1994
JJG 800—1993 2005年确认有效	电位溶出分析仪检定规程	
JJG 801—2004	化学发光法氮氧化物分析仪检定规程	JJG 801—1993
JJG 810—1993	波长色散X射线荧光光谱仪检定规程	
JJG 814—2015	自动电位滴定仪检定规程	JJG 814—1993
JJG 820—1993 2005年确认有效	手持糖量(含量)计及手持折射仪检定规程	
JJG 821—2005	总有机碳分析仪检定规程	JJG 821—1993
JJG 823—2014	离子色谱仪检定规程	JJG 823—1993
JJG 824—1993	生物化学需氧量(BOD_5)测定仪检定规程	
JJG 826—1993 2005年确认有效	二级标准分流式湿度发生器检定规程	
JJG 844—1993 2005年确认有效	回潮率测定仪检定规程	
JJG 845—2009	原棉水分测定仪检定规程	JJG 845—1993
JJG 846—2015	粉尘浓度测量仪检定规程	JJG 846—1993
JJG 847—2011	滤纸式烟度计检定规程	JJG 847—1993

现行规范号	规范名称	被代替规范号
JJG 861—2007	酶标分析仪检定规程	JJG 861—1994
JJG 862—1994	全差示分光光度计检定规程	
JJG 871—1994 2005年确认有效	远红外生丝水分检测机检定规程	
JJG 877—2011	蒸气压渗透仪检定规程	JJG 877—1994
JJG 878—1994 2005年确认有效	熔体流动速率仪检定规程	
JJG 880—2006	浊度计检定规程	JJG 880—1994
JJG 891—2019	电容法和电阻法谷物水分测定仪检定规程	JJG 891—1995
JJG 899—1995 2005年确认有效	石油低含水率分析仪检定规程	
JJG 901—1995 2005年确认有效	电子探针分析仪检定规程	
JJG 902—1995	光透沉降粒度测定仪检定规程	
JJG 915—2008	一氧化碳检测报警器检定规程	JJG 915—1996
JJG 916—1996	气敏色谱法微量氢测定仪检定规程	
JJG 917—1996 2005年确认有效	棉花测色仪检定规程	
JJG 919—2008	pH计检定仪检定规程	JJG 919—1996
JJG 936—2012	示差扫描热量计检定规程	JJG 936—1998
JJG 937—1998	色谱检定仪检定规程	
JJG 943—2011	总悬浮颗粒物采样器检定规程	JJG 943—1998
JJG 945—2010	微量氧分析仪检定规程	JJG 945—1999

现行规范号	规范名称	被代替规范号
JJG 950—2012	水中油分浓度分析仪检定规程	JJG 950—2000
JJG 956—2013	大气采样器检定规程	JJG 956—2000
JJG 964—2001	毛细管电泳仪检定规程	
JJG 968—2002	烟气分析仪检定规程	
JJG 975—2002	化学需氧量(COD)测定仪检定规程	
JJG 976—2010	透射式烟度计检定规程	JJG 976—2002
JJG 986—2004	木材含水率测量仪检定规程	
JJG 993—2018	电动通风干湿表检定规程	JJG 993—2004
JJG 1002—2005	旋转黏度计检定规程	JJG 215—1981
JJG 1006—2005	煤中全硫测定仪检定规程	
JJG 1012—2019	化学需氧量(COD)在线自动监测仪检定规程	JJG 1012—2006
JJG 1022—2016	甲醛气体检测仪检定规程	JJG 1022—2007
JJG 1044—2008	卡尔·费休库仑法微量水分测定仪检定规程	
JJG 1051—2009	电解质分析仪检定规程	
JJG 1055—2009	在线气相色谱仪检定规程	
JJG 1060—2010	微量溶解氧测定仪检定规程	
JJG 1061—2010	液体颗粒计数器检定规程	
JJG 1064—2011	氨基酸分析仪检定规程	
JJG 1077—2012	臭氧气体分析仪检定规程	
JJG 1087—2013	矿用氧气检测报警器检定规程	

现行规范号	规 范 名 称	被代替规范号
JJG 1093—2013	矿用一氧化碳检测报警器检定规程	
JJG 1094—2013	总磷总氮水质在线分析仪检定规程	
JJG 1104—2015	动态光散射粒度分析仪检定规程	
JJG 1105—2015	氨气检测仪检定规程	
JJG 1125—2016	氯乙烯气体检测报警仪检定规程	
JJG 1133—2017	煤矿用高低浓度甲烷传感器检定规程	
JJG 1135—2017	热重分析仪检定规程	
JJG 1138—2017	煤矿用非色散红外甲烷传感器检定规程	
JJG 1140—2017	工业分析仪检定规程	
JJG 1151—2018	液相色谱-原子荧光联用仪检定规程	
JJG 1154—2018	卡尔·费休容量法水分测定仪检定规程	
JJG 1161—2019	矿用硫化氢气体检测仪检定规程	
JJG 1169—2019	烟气采样器检定规程	
JJF 1006—1994	一级标准物质技术规范	JJF 1006—1986
JJF 1029—1991	电子探针定量分析用标准物质研制规范	
JJF 1054—1996	人血清无机成分分析结果评定规范	
JJF 1120—2004	热电离同位素质谱计校准规范	
JJF 1158—2006	稳定同位素气体质谱仪校准规范	
JJF 1159—2006	四极杆电感耦合等离子体质谱仪校准规范	

现行规范号	规 范 名 称	被代替规范号
JJF 1164—2018	气相色谱-质谱联用仪校准规范	JJF 1164—2006
JJF 1172—2007	发挥性有机化合物光离子化检测仪校准规范	
JJF 1190—2008	尘埃粒子计数器校准规范	JJG 547—1988
JJF 1211—2008	激光粒度分析仪校准规范	
JJF 1218—2009	标准物质研究报告编写规则	
JJF 1263—2010	六氟化硫检测报警仪校准规范	JJG 914—1996
JJF 1272—2011	阻容法露点湿度计校准规范	
JJF 1274—2011	运动黏度测定器校准规范	
JJF 1316—2011	血液黏度计校准规范	
JJF 1317—2011	液相色谱-质谱联用仪校准规范	
JJF 1319—2011	傅立叶变换红外光谱仪校准规范	
JJF 1321—2011	元素分析仪校准规范	
JJF 1342—2012	标准物质研制(生产)机构通用要求	
JJF 1343—2012	标准物质定值的通用原则及统计学原理	
JJF 1344—2012	气体标准物质研制(生产)通用技术要求	
JJF 1384—2012	开口/闭口闪点测定仪校准规范	
JJF 1433—2013	氯气检测报警仪校准规范	
JJF 1448—2014	超导脉冲傅里叶变换核磁共振谱仪校准规范	
JJF 1449—2014	崩解时限测试仪校准规范	
JJF 1507—2015	标准物质的选择及应用	
JJF 1508—2015	同位素丰度测量基准方法	
JJF 1527—2015	聚合酶链反应分析仪校准规范	

现行规范号	规 范 名 称	被代替规范号
JJF 1528—2015	飞行时间质谱仪校准规范	
JJF 1529—2015	细菌内毒素分析仪校准规范	
JJF 1530—2015	凝胶成像系统校准规范	
JJF 1531—2015	傅立叶变换质谱仪校准规范	
JJF 1547—2015	在线 pH 计校准规范	
JJF 1562—2016	凝结核粒子计数器校准规范	
JJF 1563—2016	色谱数据工作站校准规范	
JJF 1565—2016	重金属水质在线分析仪校准规范	
JJF 1567—2016	磷酸根分析仪校准规范	
JJF 1568—2016	分光光度法流动分析仪校准规范	
JJF 1569—2016	溴价、溴指数测定仪校准规范	
JJF 1585—2016	固定污染源烟气排放连续监测系统校准规范	
JJF 1609—2017	余氯测定仪校准规范	
JJF 1644—2017	临床酶学标准物质的研制	
JJF 1645—2017	质量控制物质的内部研制	
JJF 1646—2017	地质分析标准物质的研制	
JJF 1654—2017	平板电泳仪校准规范	
JJF 1659—2017	PM 2.5 质量浓度测量仪校准规范	
JJF 1665—2017	流式细胞仪校准规范	
JJF 1666—2017	全自动微生物定量分析仪校准规范	
JJF 1674—2017	苯气体检测报警器校准规范	
JJF 1685—2018	紫外荧光测硫仪校准规范	
JJF 1711—2018	六氟化硫分解物检测仪校准规范	
JJF 1712—2018	薄层色谱扫描仪校准规范	
JJF 1729—2018	农药残留检测仪校准规范	

13. 光学

现行规范号	规范名称	被代替规范号
JJG 211—2005	亮度计检定规程	JJG 211—1989 JJG 554—1988
JJG 212—2003	色温表检定规程	JJG 212—1990
JJG 213—2003	分布(颜色)温度标准灯检定规程	JJG 213—1990
JJG 245—2005	光照度计检定规程	JJG 245—1991
JJG 246—2005	发光强度标准灯检定规程	JJG 246—1991 JJG 732—1991
JJG 247—2008	总光通量标准白炽灯检定规程	JJG 247—1991
JJG 248—1981	工作标准激光小功率计试行检定规程	
JJG 249—2004	0.1mW～200W 激光功率计检定规程	JJG 249—1981 JJG 293—1982
JJG 299—1982	工作标准感光仪检定规程	
JJG 309—2011	500K～1000K 黑体辐射源检定规程	JJG 309—2001
JJG 311—2014	焦距仪检定规程	JJG 311—1996
JJG 312—1983	激光能量计检定规程	
JJG 383—2002	光谱辐射亮度标准灯检定规程	JJG 383—1985
JJG 384—2002	光谱辐射照度标准灯检定规程	JJG 384—1985
JJG 385—2008	总光通量标准荧光灯检定规程	JJG 385—1985

现行规范号	规 范 名 称	被代替规范号
JJG 386—1985	总光通量标准荧光高压汞灯试行检定规程	
JJG 452—2006	黑白密度片检定规程	JJG 452—1986
JJG 453—2002	标准色板检定规程	JJG 453—1986
JJG 511—1987	微弱光照度计检定规程	
JJG 512—2002	白度计检定规程	JJG 512—1987
JJG 579—2010	验光镜片箱检定规程	JJG 579—1998
JJG 580—2005*	焦度计检定规程	JJG 580—1996
JJG 581—2016	医用激光源检定规程	JJG 581—1999 JJG 651—1990
JJG 595—2002	测色色差计检定规程	JJG 595—1989
JJG 625—2001	阿贝折射仪检定规程	JJG 625—1989
JJG 696—2015	镜向光泽度计和光泽度板检定规程	JJG 696—2002
JJG 733—1991	总光通量工作基准灯检定规程	
JJG 745—2016	机动车前照灯检测仪检定规程	JJG 745—2002
JJG 754—2005	光学传递函数测量装置检定规程	JJG 754—1991
JJG 755—2015	紫外辐射照度工作基准装置检定规程	JJG 755—1991
JJG 756—1991	光楔密度工作基准装置检定规程	
JJG 812—1993	干涉滤光片检定规程	
JJG 813—2013	光纤光功率计检定规程	JJG 813—1993

现行规范号	规 范 名 称	被代替规范号
JJG 827—1993	分辨力板检定规程	
JJG 863—2005	V棱镜折射仪检定规程	JJG 863—1994
JJG 864—1994	旋光标准石英管检定规程	
JJG 866—2008	顶焦度标准镜片检定规程	JJG 866—1994
JJG 867—1994	光谱测色仪检定规程	
JJG 879—2015	紫外辐射照度计检定规程	JJG 879—2002
JJG 892—2011	验光机检定规程	JJG 892—2005
JJG 895—1995	光纤折射率分布和几何参数测量仪(折射近场法)检定规程	
JJG 896—1995	光纤损耗和模场直径测量仪检定规程	
JJG 903—1995	激光标准衰减器检定规程	
JJG 920—2017	漫透射视觉密度计检定规程	JJG 920—1996
JJG 922—2008	验光仪顶焦度标准器检定规程	JJG 922—1996
JJG 923—2009	啤酒色度仪检定规程	JJG 923—1996
JJG 939—2009	原子荧光光度计检定规程	JJG 939—1998
JJG 941—2009	荧光亮度检定仪检定规程	JJG 941—1998
JJG 958—2000	光传输用稳定光源检定规程	
JJG 963—2001	通信用光波长计检定规程	
JJG 965—2013	通信用光功率计检定规程	JJG 965—2001
JJG 967—2015	机动车前照灯检测仪校准器检定规程	JJG 967—2001
JJG 981—2014	阿贝折射仪标准块检定规程	JJG 981—2003

现行规范号	规 范 名 称	被代替规范号
JJG 1001—2005	机动车近光检测仪校准器检定规程	
JJG 1011—2018	角膜曲率计检定规程	JJG 1011—2006
JJG 1034—2008	光谱光度计标准滤光器检定规程	
JJG 1035—2008	通信用光谱分析仪检定规程	
JJF 1037—1993	线列固体图像传感器特性参数测试技术规范	
JJF 1078—2002	光学测角比较仪校准规范	JJG 203—1980
JJF 1079—2002	阴极射线管彩色分析仪校准规范	
JJF 1080—2002	－50～＋90℃黑体辐射源校准规范	
JJF 1026—1991	光子和高能电子束吸收剂量测定方法	
JJF 1106—2003	眼镜产品透射比测量装置校准规范	
JJF 1148—2006	角膜接触镜检测仪校准规范	
JJF 1150—2006	光电探测器相对光谱响应度校准规范	JJG 685—1990
JJF 1197—2008	光纤色散测试仪校准规范	
JJF 1198—2008	通信用可调谐激光源校准规范	
JJF 1199—2008	通信用光衰减器校准规范	
JJF 1232—2009	反射率测定仪校准规范	
JJF 1287—2011	澄明度检测仪校准规范	

现行规范号	规 范 名 称	被代替规范号
JJF 1290—2011	微粒检测仪校准规范	
JJF 1303—2011	雾度计校准规范	
JJF 1325—2011	通信用光回波损耗仪校准规范	
JJF 1329—2011	瞬态光谱仪校准规范	
JJF 1330—2011	瞬态有效光强测定仪校准规范	
JJF 1428—2013	光纤偏振模色散测试仪校准规范	
JJF 1456—2014	通信用光偏振度测试仪校准规范	
JJF 1492—2014	反射式光密度计校准规范	
JJF 1493—2014	超短光脉冲自相关仪校准规范	
JJF 1497—2014	偏光仪校准规范	
JJF 1501—2015	小功率 LED 单管校准规范	
JJF 1525—2015	氙弧灯人工气候老化试验装置辐射照度参数校准规范	
JJF 1526—2015	石油产品颜色分析仪及比色板校准规范	
JJF 1539—2015	硅酸根分析仪校准规范	
JJF 1546—2015	逆反射标准板校准规范	
JJF 1549—2015	光电探测器宽带测试仪校准规范	
JJF 1572—2016	辐射热计校准规范	
JJF 1600—2016	辐射型太赫兹功率计校准规范	
JJF 1601—2016	漫反射测量光谱仪校准规范	
JJF 1603—2016	(0.1～2.5)THz 太赫兹光谱仪校准规范	
JJF 1615—2017	太阳模拟器校准规范	

现行规范号	规范名称	被代替规范号
JJF 1622—2017	太阳电池校准规范:光电性能	
JJF 1655—2017	太阳电池校准规范:光谱响应度	
JJF 1660—2017	宽波段辐照计校准规范	
JJF 1661—2017	微弱紫外辐照计校准规范	
JJF 1689—2018	水质色度仪校准规范	
JJF 1690—2018	偏振依赖损耗测试仪校准规范	
JJF 1750—2019	红外标准滤光器校准规范	
JJF 1754—2019	氘灯光谱辐射亮度(250 nm～400 nm)校准规范	
JJF 1755—2019	无源光网格(PON)功率计校准规范	

14. 气 象

现行规范号	规 范 名 称	被代替规范号
JJG 204—1980	气象用通风干湿表检定规程	气象仪器试行检定规程第4号
JJG 205—2005	机械式温湿度计检定规程	JJG 205—1980
JJG 207—1992	气象用玻璃液体温度表检定规程	JJG 207—1980 JJG 206—1980
JJG 208—1980	气象仪器用机械自记钟检定规程	气象仪器试行检定规程第6号
JJG 210—2004	水银气压表检定规程	JJG 210—1980
JJG 268—1982	GZZ2-1型转筒式电码探空仪检定规程	
JJG 272—2007	空盒气压表和空盒气压计检定规程	JJG 272—1991
JJG 274—2007	双管水银压力表检定规程	JJG 274—1981
JJG 287—1982	气象用双金属温度计检定规程	气象仪器试行检定规程第2号
JJG 431—2014	轻便三杯风向风速表检定规程	JJG 431—1986
JJG 456—1992	直接辐射表检定规程	JJG 456—1986
JJG 457—1986	单管水银压力表检定规程	
JJG 458—1996	总辐射表检定规程	JJG 458—1986
JJG 459—1986	辐射电流表检定规程	

现行规范号	规 范 名 称	被代替规范号
JJG 515—1987	轻便磁感风向风速表试行检定规程	
JJG 518—1998	皮托管检定规程	JJG 518—1988
JJG 524—1988	雨量器和雨量量筒检定规程	
JJG 612—1989	虹吸式雨量计检定规程	
JJG 613—1989	电接风向风速仪检定规程	
JJG 614—2004	二等标准水银气压表检定规程	JJG 614—1989
JJG 683—1990	气压高度表检定规程	
JJG 794—1992	风量标准装置检定规程	
JJG 876—2019	船舶气象仪检定规程	JJG 876—1994
JJG 925—2005	净全辐射表检定规程	JJG 925—1997
JJG 956—2000	大气采样器检定规程	
JJF 1076—2001	湿度传感器校准规范	
JJF 1101—2019	环境试验设备温度、湿度参数校准规范	JJF 1101—2003
JJF 1270—2010	温度、湿度、振动综合环境试验系统校准规范	
JJF 1431—2013	风电场用磁电式风速传感器校准规范	

15. 医 用

现行规范号	规 范 名 称	被代替规范号
JJG 543—2008	心电图机检定规程	JJG 543—1996 心电图机部分
JJG 714—2012	血细胞分析仪检定规程	JJG 714—1990
JJG 749—2007	心、脑电图机检定仪检定规程	JJG 749—1997
JJG 760—2003	心电监护仪检定规程	JJG 760—1991
JJG 952—2014	瞳距仪检定规程	JJG 952—2000
JJG 954—2019	数字脑电图仪检定规程	JJG 954—2000
JJG 1016—2006	心电监护仪检定仪检定规程	
JJG 1041—2008	数字心电图机检定规程	
JJG 1042—2008	动态(可移动)心电图机检定规程	
JJG 1043—2008	脑电图机检定规程	JJG 543—1996 脑电图机部分
JJG 1088—2019	角膜曲率计用计量标准器检定规程	JJG 1088—2013
JJG 1089—2013	渗透压摩尔浓度测定仪检定规程	
JJG 1097—2014	综合验光仪(含视力表)检定规程	
JJG 1098—2014	医用注射泵和输液泵检测仪检定规程	
JJG 1163—2019	多参数监护仪检定规程	
JJF 1129—2005	尿液分析仪校准规范	
JJF 1149—2014	心脏除颤器校准规范	JJF 1149—2006

注：凡涉及辐射源的医用设备，划归“11. 电离辐射”类别之中。

现行规范号	规 范 名 称	被代替规范号
JJF 1213—2008	肺功能仪校准规范	
JJF 1226—2009	医用电子体温计校准规范	
JJF 1234—2018	呼吸机校准规范	JJF 1234—2010
JJF 1259—2018	医用注射泵和输液泵校准规范	JJF 1259—2010
JJF 1260—2010	婴儿培养箱校准规范	
JJF 1308—2011	医用热力灭菌设备温度计校准规范	
JJF 1353—2012	血液透析装置校准规范	
JJF 1383—2012	便携式血糖分析仪校准规范	
JJF 1429—2013	红外乳腺检查仪校准规范	
JJF 1466—2014	针管刚性测量仪校准规范	
JJF 1541—2015	血液透析装置检测仪校准规范	
JJF 1542—2015	血氧饱和度模拟仪校准规范	
JJF 1543—2015	视觉电生理仪校准规范	
JJF 1544—2015	拉曼光谱仪校准规范	
JJF 1614—2017	抗生素效价测定仪校准规范	
JJF 1633—2017	血液灌流装置校准规范	
JJF 1693—2018	颅内压监护仪校准规范	
JJF 1720—2018	全自动生化分析仪校准规范	
JJF 1722—2018	运动平板仪校准规范	
JJF 1746—2019	医学影像诊断显示系统校准规范	
JJF 1748—2019	心肺复苏机校准规范	
JJF 1751—2019	菌落计数器校准规范	

现行规范号	规 范 名 称	被代替规范号
JJF 1752—2019	全自动封闭型发光免疫分析仪校准规范	
JJF 1753—2019	医用体外压力脉冲碎石机校准规范	

16. 汽车专用

现行规范号	规范名称	被代替规范号
JJG 688—2017	汽车排放气体测试仪检定规程	JJG 688—2007
JJG 910—2012	摩托车轮偏检测仪检定规程	JJG 910—1996
JJG 1020—2017	平板式制动检验台检定规程	JJG 1020—2007
JJG 1148—2018	电动汽车交流充电桩检定规程	
JJG 1149—2018	电动汽车非车载充电机检定规程	
JJG 1160—2019	汽车加载制动检验台检定规程	
JJF 1141—2006	汽车转向角检查台校准规范	
JJF 1151—2006	车轮动平衡机校准规范	
JJF 1154—2014	四轮定位仪校准规范	JJF 1154—2006
JJF 1168—2007	便携式制动性能测试仪校准规范	
JJF 1169—2007	汽车制动操纵力计校准规范	
JJF 1192—2008	汽车悬架装置检测台校准规范	
JJF 1193—2008	非接触式汽车速度计校准规范	
JJF 1194—2008	轮胎强度及脱圈试验机校准规范	
JJF 1195—2008	轮胎耐久性及轮胎高速性能转鼓试验机校准规范	
JJF 1196—2008	机动车方向盘转向力-转向角检测仪校准规范	
JJF 1221—2009	汽车排气污染物检测用底盘测功机校准规范	
JJF 1225—2009	汽车用透光率计校准规范	
JJF 1227—2009	汽油车稳态加载污染物排放检测系统校准规范	

现行规范号	规范名称	被代替规范号
JJF 1230—2009	汽车正面碰撞试验用人形试验装置校准规范	
JJF 1231—2009	汽车侧面碰撞试验用人形试验装置校准规范	
JJF 1271—2010	公路运输模拟试验台校准规范	
JJF 1375—2012	机动车发动机转速测量仪校准规范	
JJF 1377—2012	水准式车轮定位测量仪校准规范	
JJF 1385—2012	汽油车简易瞬态工况法用流量分析仪校准规范	
JJF 1477—2014	轮胎花纹深度尺校准规范	
JJF 1486—2014	非接触式汽车速度计校准装置校准规范	
JJF 1489—2014	四轮定位仪校准装置校准规范	
JJF 1670—2017	质量法油耗仪校准规范	
JJF 1671—2017	机动车驻车制动性能测试装置校准规范	
JJF 1747—2019	车身反光标识用逆反射系数测量仪校准规范	
JJF 1749—2019	汽车外廓尺寸检测仪校准规范	

17. 铁路专用

现行规范号	规范名称	被代替规范号
JJG 219—2015	标准轨距铁路轨距尺检定规程	JJG 219—2008
JJG 404—2015	铁路轨距尺检定器检定规程	JJG 404—2008
JJG 1079—2013	铁路轨道信号测试设备综合校验装置检定规程	
JJG 1080—2013	铁路机车车辆车轮检查器检定规程	
JJG 1081.1—2013	铁路机车车辆轮径量具检定规程 第1部分:轮径尺	
JJG 1081.2—2013	铁路机车车辆轮径量具检定规程 第2部分:轮径测量器	
JJG 1082.1—2013	铁路机车车辆轮径量具检具检定规程 第1部分:轮径尺检具	
JJG 1082.2—2013	铁路机车车辆轮径量具检具检定规程 第2部分:轮径测量器检具	
JJG 1090—2013	铁路轨道检查仪检定规程	
JJG 1091—2013	铁路轨道检查仪检定台检定规程	
JJG 1092—2013	机车速度表检定规程	
JJG 1096—2014	列车尾部安全防护装置主机检测台检定规程	
JJG 1108—2015	铁路支距尺检定规程	
JJG 1109—2015	铁路支距尺检定器检定规程	

现行规范号	规范名称	被代替规范号
JJG 1110—2015	铁道车辆轮对轮位差、盘位差测量器检定规程	
JJG 1111—2015	铁道车辆轮重测定仪检定规程	
JJG 1127—2016	钢轨磨耗测量器检定规程	
JJG 1128—2016	铁路机车车辆制动软管连接器量具检定规程	
JJG 1129—2016	铁路轮对接触电阻检测仪检定规程	
JJG 1150—2018	铁路机车车辆车钩中心高度测量尺检定规程	
JJG 1153—2018	铁路机车车辆轮对内距尺检定规程	
JJG 1155—2018	铁路机车车辆车轮检查器检具检定规程	
JJG 1158.1—2018	钢轨测温计检定规程 第1部分:双金属式钢轨测温计	
JJG 1158.2—2018	钢轨测温计检定规程 第2部分:数字式钢轨测温计	
JJG 1159—2018	铁路机车车辆轮对内距尺检具检定规程	
JJF 1719—2018	铁路罐车和罐式集装箱容积三维激光扫描仪校准规范	

18. 海洋专用

现行规范号	规范名称	被代替规范号
JJG 587—2016	浮子式验潮仪检定规程	JJG 587—1997
JJG 674—1990 2005年确认有效	标准海水检定规程	
JJG 1144—2017	重力加速度式波浪浮标检定规程	
JJG 1166—2019	声学多普勒海流单点测量仪检定规程	
JJG 1167—2019	海洋测风仪器检定规程	
JJF 1571—2016	海水浊度测量仪校准规范	

附　录

附录 1

全国专业计量技术委员会(分技术委员会)名录及联系方式

代号	技术委员会名称	秘书处联系电话	电子信箱
MTC1	全国法制计量管理计量技术委员会	010-59196585	cma_luo@163.com
MTC2	全国几何量长度计量技术委员会	010-64299456	wangwn@nim.ac.cn
MTC2/SC1	全国几何量长度计量技术委员会测绘仪器分技术委员会	010-68164681	qiwj@casm.ac.cn
MTC3	全国流量计量技术委员会	010-64525122	lich@nim.ac.cn
MTC3/SC1	全国流量计量技术委员会液体流量分技术委员会	010-57521775	yangyt@bjjl.cn
MTC4	全国几何量工程参量计量技术委员会	0451-51969034	26680047@qq.com
MTC5	全国无线电计量技术委员会	010-64525213	hezhao@nim.ac.cn
MTC6	全国振动冲击转速计量技术委员会	010-62459186	lixinliang@cimm.com.cn
MTC7	全国力值硬度重力计量技术委员会	010-64526003	wushq@nim.ac.cn
MTC8	全国容量计量技术委员会	010-57521771	lichen@bjjl.cn
MTC9	全国质量密度计量技术委员会	010-64524609	wjian@nim.ac.cn
MTC10	全国衡器计量技术委员会	0531-82603654	wmtc09@163.com
MTC10/SC1	全国衡器计量技术委员会自动衡器分技术委员会	025-84636938	huqiang158@sina.com
MTC11	全国压力计量技术委员会	021-50798289	wangc@simt.com.cn
MTC12	全国温度计量技术委员会	010-64525103	chenwx@nim.ac.cn

代号	技术委员会名称	秘书处联系电话	电子信箱
MTC13	全国声学计量技术委员会	010-64526212 010-64524630	helb@nim.ac.cn
MTC14	全国光学计量技术委员会	028-84404663	su.hy@126.com
MTC15	全国电离辐射计量技术委员会	010-51669268 -5214	gycght@163.com
MTC16	全国环境化学计量技术委员会	021-50798351	zhengcr@simt.com.cn
MTC17	全国物理化学计量技术委员会	010-64271638	heyj@nim.ac.cn
MTC17/SC1	全国物理化学计量技术委员会在线理化分析仪器分技术委员会	025-84636987	cai27680@163.com
MTC18	全国电磁计量技术委员会	010-64524503	shaohm@nim.ac.cn
MTC18/SC1	全国电磁计量技术委员会高压计量分技术委员会	010-82812316	leimin@sgepri.sgcc.com.cn
MTC19	全国时间频率计量技术委员会	010-64214828	zhangam@nim.ac.cn
MTC20	全国生物计量技术委员会	010-64203542	wj@nim.ac.cn
MTC21	全国临床医学计量技术委员会	010-64271638	xubei@nim.ac.cn
MTC22	全国惯性技术计量技术委员会	010 62457150	dxm301@163.com
MTC23	全国医学计量技术委员会	010-64525031	liuwl@nim.ac.cn
MTC24	全国标准物质计量技术委员会	010-64228896	luxh@nim.ac.cn
MTC25	全国铁路专用计量器具技术委员会	010-51849108	wyc2866@139.com
MTC25/SC1	全国铁路专用计量器具技术委员会铁路专用长度分技术委员会	010-51874448	lijunxia12@163.com
MTC25/SC2	全国铁路专用计量器具技术委员会铁路专用电学分技术委员会	029-82323664	2571804802@qq.com
MTC25/SC3	全国铁路专用计量器具技术委员会铁路专用力学分技术委员会	010-51849078	13511053171@139.com
MTC26	全国低碳计量技术委员会	010-64525126	171579304@qq.com
MTC27	全国气象专用计量器具计量技术委员会	010-68406866	lwhaoc@cma.gov.cn
MTC27/SC1	全国气象专用计量器具计量技术委员会气象压力专业分技术委员会	010-68407386	ljyaoc@cma.gov.cn

代号	技术委员会名称	秘书处联系电话	电子信箱
MTC28	全国海洋专用计量器具计量技术委员会	022-27539511	jlzxgzk@ncosm.org.cn
MTC29	全国纳米与新材料计量技术委员会	010-64526517	renLL@nim.ac.cn
MTC30	全国公路专用计量器具计量技术委员会	010-82086561	438635620@qq.com
MTC31	全国水运专用计量器具计量技术委员会	022-59812271	coolyufen@163.com
MTC32	全国航空专用计量测试技术委员会（筹建中）	010-62453004	
MTC33	全国宇航专用计量测试技术委员会（筹建中）	010-88531582	
MTC34	全国卫星导航应用专用计量测试技术委员会	010-57521711	huangy@bjjl.cn
MTC35	全国光伏专用计量器具计量技术委员会	0591-87275281	547472930@qq.com
MTC36	全国能源资源计量技术委员会	010-82261838	zhumeina@samr.gov.cn
MTC36/SC1	全国能源资源计量技术委员会能源计量分技术委员会	010-64525126	mengt@nim.ac.cn
MTC36/SC2	全国能源资源计量技术委员会水资源计量分技术委员会		hsr_watic@163.com
MTC36/SC3	全国能源资源计量技术委员会能效标识计量分技术委员会	010-64274308	xudh@nim.ac.cn
MTC36/SC4	全国能源资源计量技术委员会水效标识计量分技术委员会	0571-85027213	shyfan2002@163.com
MTC37	全国地震专用计量测试技术委员会	022-24917289	dongli3098@126.com
MTC38	全国测绘专用计量测试技术委员会（筹建中）	010-68164681	qiwj@casm.ac.cn

附录 2

国家计量技术规范修改内容

序号	规范起草单位	规范编号、名称	修改和补充的内容
1	河南省商丘地区计量管理所	JJG 19—1985 量提检定规程	1.第 6 页“17、量提的检定周期最长为 1 年。”改为:“17、量提只作首次强制检定,失准报废”。 2.将规程附录《检定证书式样》中的“有效期至________年________月________日”删除。 3.将规程附录《检定证书式样》中的“核验________”上方增加“主管________”。 4.将第 1 页第 2 行的“使用中和修理后”删除
2	浙江省计量测试技术研究所	JJG 179—1990 滤光光电比色计检定规程	1.第 5 页表 3“中心波长”栏中“430±3”应改为“420±3”。 2.第 6 页表 4“检定用玻璃滤光片中心波长”栏中“430±3”应改为“420±3”
3	中国计量科学研究院	JJG 578—1994 锗 γ 谱仪体源活度测量装置检定规程	编号“JJG578—1994”有误,更改为“JJG575—1994”

序号	规范起草单位	规范编号、名称	修改和补充的内容
4	国家高压计量站	JJG 622—1997 绝缘电阻表(兆欧表)检定规程	1.第 3 页第 8 行“额定电压的 90%～100%范围内”改为“额定电压的 90%～110%范围内”。 2.第 3 页第 13 行“额定电压值的 90%”改为“额定电压值的 5%”。 3.第 3 页表 2 第一栏“额定电压(kV)”应改为“额定电压(V)”。 4.第 13 页表 4 中最后一挡中的“2～100”应改为“2～200”
5	中国计量科学研究院	JJF 1080—2002 －50～＋90℃黑体辐射源校准规范	在第 6.2.1 中： 1.原有 a)～e)款,应增加一款,即在原 b)款中的“待测黑体辐射源的全辐射高度为”前加“c)”作为新的一款,并将“全辐射亮度”改为“有效辐射亮度”。原 c),d),e)款依次改为 d),e),f)款。 2.公式(3)改为:$L_{se}=\frac{V_s}{V_b}.L_{be}$ 3.公式(4)改为:$L_{be}=\int L_\lambda S_\lambda d\lambda$ 4.原 e)款中的内容作如下修改: 第一段中的“T_s”改为“T_{sr}”; 第三段中的“R_{b1} 和 R_{b2}”改为“R_{b1},R_{b2} 和 R_s”,“全辐射温度 T_s”改为“绝对温度 T_s”; 第四段中的“用式(2)将黑体或辐射源的有效辐射亮度”改为“用程序将黑体的有效辐射亮度”,下文中的“将式(1)代入式(4),”删去

序号	规范 起草单位	规范编号、名称	修改和补充的内容
6	东北电力科学研究院	JJG 307—2006 机电式交流电能表检定规程	1.把第1页第4行“……的首次检定、后续检定,”改为“……的首次检定,”。 2.把第11页第15行“首次检定时,对受检电能表各电压线路先后加110%、80%参比电压,后续检定时一般只加110%参比电压,”改为“受检电能表各电压线路先后加110%、80%参比电压,”。 3.把第12页第7行“在参比频率和参比电压下,对电能表进行首次检定和后续检定时,”改为“在参比频率和参比电压下,”。 4.把第21页表A5(续)中的“(%K)”改为“(%/K)”。 5.把第25页倒数第一行中的“(%K)”改为“(%/K)”。 6.把第26页第一行中的“(%K)”改为“(%/K)”
7	中国计量科学研究院	JJG 580—2005 焦度计检定规程	第8页7.1.1.1第五行“柱镜片由一块$+5m^{-1}$的矩形平柱镜以及示值为$-1.5m^{-1}$和$+1.5m^{-1}$的两块复曲面柱镜组成。”修改为“柱镜片由一块$+5m^{-1}$的矩形平柱以及示值为$-1.5m^{-1}$和$+1.5m^{-1}$的两块柱镜组成。”

序号	规范起草单位	规范编号、名称	修改和补充的内容
8	陕西省建筑科学研究院	JJG 817—2011 回弹仪检定规程	1. 表1中的序号2:指针长度的技术要求中加“注:H450型为25.0”。 2. 表1中的序号4:弹击杆端部球面半径技术要求中H450型号对应的“45.0”改为“35.0”。 3. 附录D中图D.1的图注:“14—手柄”、“15—锤夹”,改为“14—锤夹”、“15—弹击手柄”
9	北京市计量检测科学研究院	JJF 1070.2—2011 定量包装商品净含量检验规则小麦粉	1. 第1章范围中“本规则规定了小麦粉商品的计量要求、计量检验……”修改为“本规则规定了小麦粉商品净含量的计量要求、计量检验……”。 2. 5.4.1确定检验批中“抽取的样品应是同一批次、同一生产日期、同种规格、同种包装材料的小麦粉商品。”修改为“抽取的样本应是同一生产企业、同一批次、同一生产日期、同种规格、同种包装材料的小麦粉商品”。 3. 5.4.4.3测定小麦粉商品的实际水分中 “3)实际水分的使用方法 ①生产领域: …… 当测定的实际水分大于产品标准的最大允许水分值时,按5.4.4.4计算水分变化值和水分修正量;…… ②流通领域: 按5.4.4.4计算水分变化值和水分修正量;……” 修改为 “3)实际水分的使用方法 ①生产领域: …… 当测定的实际水分大于产品标准的最大允许水分值时,按5.4.4.4～5.4.4.6计算水分变化值和水分修正量等有关数据。…… ②流通领域: 按5.4.4.4～5.4.4.6计算水分变化值和水分修正量等有关数据。……”

序号	规范起草单位	规范编号、名称	修改和补充的内容
10	中国计量科学研究院	JJF 1345—2012圆柱罗纹量规校准规范	1.7.2.1 公式(1)修改为： $d_2,D_2=m\mp d_D\dfrac{1}{\sin(\alpha/2)}\pm\dfrac{P}{2}\cot(\alpha/2)\mp A_1\pm A_2$ 2.7.2.1.2 公式(3)修改为： $d_2,D_2=m\cdot\cos\theta\mp d_D\dfrac{\cos\dfrac{\alpha_1-\alpha_2}{2}}{\sin\dfrac{\alpha_1+\alpha_2}{2}}\sqrt{1-\dfrac{m^2\cdot\sin^2\theta}{d_D^2\cdot\cos^2\left(\dfrac{\alpha_1-\alpha_2}{2}\right)}}\pm\left(\dfrac{l}{n}-\dfrac{2\cdot l\cdot\theta}{\pi}\right)\cdot\dfrac{\cos\alpha_1\cdot\cos\alpha_2}{\sin(\alpha_1+\alpha_2)}$ 3.7.2.1.2 公式(4)修改为： $\theta_k=\arcsin\left(\dfrac{d_D\cdot l}{\pi\cdot m^2}\cdot\dfrac{\cos\alpha_1\cos\alpha_2\cos\dfrac{\alpha_1-\alpha_2}{2}}{\cos\dfrac{\alpha_1+\alpha_2}{2}}\cdot\dfrac{\sqrt{1-\dfrac{m^2\cdot\sin^2\theta_{k-l}}{d_D^2\cdot\cos^2(\dfrac{\alpha_1-\alpha_2}{2})}}}{\cos\theta_{k-l}\mp\sin\left(\dfrac{\alpha_1+\alpha_2}{2}\right)\cdot\cos\left(\dfrac{\alpha_1-\alpha_2}{2}\right)\cdot\dfrac{d_D}{m}\cdot\sqrt{1-\dfrac{m^2\cdot\sin^2\theta_{k-l}}{d_D^2\cdot\cos^2\left(\dfrac{\alpha_1-\alpha_2}{2}\right)}}}\right)$ 4.7.2.6 公式(7)修改为： $d_2,D_2=m\mp d_D\dfrac{1}{\sin(\alpha/2)}\pm\dfrac{P}{2}\cot(\alpha/2)\mp A_1\pm A_2+\delta D_{P\Sigma}+\delta D_\alpha$

序号	规范起草单位	规范编号、名称	修改和补充的内容
11	江苏省计量科学研究院	JJF 1059.1 测量不确定度评定与表示	(详见 JJF 1059.1—2012《测量不确定度评定与表示》修改内容列表)

注：上述规程、规范中应修改和补充的内容都已于重印时作了更正。

JJF 1059.1—2012《测量不确定度评定与表示》修改内容列表

页码	条文号	行数	规程原内容	修改后内容
1	2	倒数 6	GB/T 70—2008	GB/T 8170—2008
2	3.3	倒数 4	aquantity	a quantity
7	3.31	倒数 1	$n-t+r$	$n-(t+r)$
11	4.2.8	2	如果是非线性函数，应采用泰勒级数展开……	如果是非线性函数，可采用泰勒级数展开……
11	4.3.2.1	倒数 2	$u_A=u(\bar{x})=s(\bar{x})=\frac{s(x)}{\sqrt{n}}$	$u_A=u(\bar{x})=s(\bar{x})=\frac{s(x_k)}{\sqrt{n}}$
14	4.3.2.5	8	若对每个被测件的被测量 X_j…	若对每个被测件的被测量 X_i…
19	4.4.2	倒数 3	设 $u_i(y)=\frac{\partial f}{\partial x_i}u(x_i)$	设 $u_i(y)=\left\|\frac{\partial f}{\partial x_i}\right\|u(x_i)$
29	A.2.1	10	附加修正值 $\Delta\bar{V}$	附加温度修正值 $\Delta\bar{V}$
29	A.2.1	倒数 13	$u_c(\bar{V})$ $=\sqrt{u_A^2(\bar{V})+u_B^2(\bar{V})+u(\Delta\bar{V})}$ $=\cdots$	$u_c(\bar{V})$ $=\sqrt{u_A^2(\bar{V})+u_B^2(\bar{V})+u^2(\Delta\bar{V})}$ $=\cdots$
30	A.2.3	5	被测量功率 P 是输入量……的函数。测量模型为 $P=C_0I^2(t+t_0)$	被测量 P 是输入量……的函数。测量模型为 $P=C_0I^2/(t+t_0)$

页码	条文号	行数	规程原内容	修改后内容
30	A.2.3 1)	13	$P=C_0I^2(t+t_0)$	$P=C_0I^2/(t+t_0)$
31	A.2.3 5)	3	$P=C_0I^2(t+t_0)$	$P=C_0I^2/(t+t_0)$
33	A.3.1 2)	2	此模型为非线性函数，本规范的方法不适用于非线性函数的情况。为此，要将此式按泰勒级数展开：	此模型为非线性函数，可将此式按泰勒级数展开：
34	4)①	7	校准值为 $l=50.000\ 623$ mm	校准值为 $l_s=50.000\ 623$ mm
34	4)②	倒数 6	d.由以上分析得到……	c.由以上分析得到……
36	5)③	15	取 $\nu_{eff}(L)=17$	取 $\nu_{eff}(l)=17$
36	6)	18	取 $k_{99}=t_{0.99}(16)=2.90$	取 $k_{99}=t_{0.99}(17)=2.90$
39	A.3.2.3	16	而最后一行给出了……	而最后一列给出了……
42	A.3.3.5	倒数 11	$u_c^2(h)=\frac{s^2(d_k)}{5}+\cdots$	$u_c^2(h)=\frac{s_p^2(d_k)}{5}+\cdots$
44	A.3.4.2 4)	11	氢氧化钾的相对分子质量 M(KOH)与三种元素的相对原子质量 A_r 有关……	氢氧化钾的相对分子质量 M_r(KOH)与三种元素的相对原子质量 A_r 有关……
44	A.3.4.2 4)	13	M(KOH)$=A_r$(K)$+A_r$(O)$+A_r$(H)	M_r(KOH)$=A_r$(K)$+A_r$(O)$+A_r$(H)
44	A.3.4.2	15	A_r(O)$=15.994(3)$	A_r(O)$=15.999\ 4(3)$
44	A.3.4.2	19	得到氢氧化钾的相对分子质量 M(KOH)	得到氢氧化钾的相对分子质量 M_r(KOH)

页码	条文号	行数	规程原内容	修改后内容
44	A.3.4.2	20	$M(KOH)=39.098\ 3$ g/mol + 15.994 g/mol + 1.007 94 g/mol = 56.100 24 g/mol	$M_r(KOH)=39.098\ 3+15.999\ 4+1.007\ 94=56.105\ 64$ 则氢氧化钾的摩尔质量为： $M(KOH)=M_r(KOH)$ g/mol $=56.105\ 64$ g/mol
45	A.3.4.5 3)	15	氢氧化钾的相对分子质量的标准不确定度 $u_r[M(KOH)]$	氢氧化钾的摩尔质量的相对标准不确定度 $u_r[M(KOH)]$
45	A.3.4.5 3)	16	$M(KOH)=39.098\ 3+15.994+1.007\ 94=56.100\ 24$	$M_r(KOH)=39.098\ 3+15.999\ 4+1.007\ 94=56.105\ 64$
45	A.3.4.5 3)	19	$A_r(O)=15.994(3)$	$A_r(O)=15.999\ 4(3)$
45	A.3.4.5 3)	20	$u[A_r(O)]=0.003$	$u[A_r(O)]=0.000\ 3$
45	A.3.4.5 3)	21	$u[M(KOH)]=\sqrt{(0.000\ 1)^2+(0.003)^2+(0.000\ 07)^2}=0.003$	$u[M(KOH)]=\sqrt{(0.000\ 1)^2+(0.000\ 3)^2+(0.000\ 07)^2}=0.000\ 32$ g/mol
45	A.3.4.5 3)	22	$u_r[M(KOH)]=0.003/56.100\ 24=5.3\times10^{-5}$	$u_r[M(KOH)]=0.000\ 32/56.105\ 64=0.57\times10^{-5}$
45	A.3.4.6	倒数 8	见注 1	见注 2

页码	条文号	行数	规程原内容	修改后内容
46	A. 3. 4. 8	5	氢氧化钾的相对分子质量 $M(KOH)$……	氢氧化钾的摩尔质量 $M(KOH)$……
47	A. 3. 5. 3 3.	21	$u_c(y)=\sqrt{u_1^2(t_s)+u_2^2(t_s)+u_A^2}=\cdots$	$u_c(y)=\sqrt{u^2(t_s)+u^2(\Delta t_s)+u_A^2}=\cdots$

注 1：$u_{cr}[\omega(KOH)]=\sqrt{u_r^2[V(HCl)]+u_r^2[c(HCl)]+u_r^2[M(KOH)]+u_r^2[m]}$

$=\sqrt{(3.5\times10^{-3})^2+(0.5\times10^{-3})^2+(5.3\times10^{-5})^2+(0.1\times10^{-3})^2}$

$=3.5\times10^{-3}$

注 2：$u_{cr}[\omega(KOH)]=\sqrt{u_r^2[V(HCl)]+u_r^2[c(HCl)]+u_r^2[M(KOH)]+u_r^2[m]}$

$=\sqrt{(3.5\times10^{-3})^2+(0.5\times10^{-3})^2+(0.57\times10^{-5})^2+(0.1\times10^{-3})^2}$

$=3.5\times10^{-3}$

附录 3

实施强制管理的计量器具目录

一级序号	二级序号	一级目录	二级目录	监管方式	范围及说明
1	1	体温计	体温计	P+V(其中玻璃体温计只做型式批准和首次强制检定,失准报废)	用于医疗卫生
2	2	非自动衡器	非自动衡器(最大秤量不大于 60 kg,分度值不小于 1 mg)	P+V	用于贸易结算
3	3	自动衡器	动态汽车衡(车辆总重计量)	P+V	用于安全防护、贸易结算
4	4	轨道衡	轨道衡	P+V	用于贸易结算
5	5	计量罐	铁路计量罐(车)	V	用于贸易结算
	6		船舶液货计量舱(供油船舶计量舱、船舶污油舱、污水舱、运输船舶计量舱 5000 载重吨以下)	V	用于贸易结算
	7		立式金属罐	V	用于贸易结算
6	8	称重传感器	称重传感器	P	
7	9	称重显示器	称重显示器	P	
8	10	加油机	燃油加油机	P+V	用于贸易结算
9	11	加气机	液化石油气加气机	P+V	用于贸易结算
	12		压缩天然气加气机	P+V	用于贸易结算
	13		液化天然气加气机	P+V	用于贸易结算

一级序号	二级序号	一级目录	二级目录	监管方式	范围及说明
10	14	水表	水表 DN15～DN50	P+V	用于贸易结算
11	15	燃气表	燃气表 G1.6～G16	P+V	用于贸易结算
12	16	热能表	热能表 DN15～DN50	P+V	用于贸易结算
13	17	流量计	流量计(口径范围 DN300 及以下)	P+V	用于贸易结算
14	18	血压计(表)	无创自动测量血压计	P+V	用于医疗卫生
	19		无创非自动测量血压计	P+V	用于医疗卫生
15	20	眼压计	眼压计	P+V	用于医疗卫生
16	21	压力仪表	指示类压力表、显示类压力表	P+V	用于安全防护
	22		压力变送器、压力传感器	P+V	用于安全防护
17	23	机动车测速仪	机动车测速仪	P+V	用于安全防护
18	24	出租汽车计价器	出租汽车计价器	P+V	用于贸易结算
19	25	电能表	电能表	P+V	用于贸易结算
20	26	声级计	声级计	P+V	用于环境监测
21	27	听力计	纯音听力计	P+V	用于医疗卫生
	28		阻抗听力计	P+V	用于医疗卫生
22	29	焦度计	焦度计	P+V	用于医疗卫生
23	30	验光仪器	验光仪、综合验光仪	P+V	用于医疗卫生
	31		验光镜片箱	P+V	用于医疗卫生
	32		角膜曲率计	P+V	用于医疗卫生
24	33	糖量计	糖量计	P+V	用于贸易结算
25	34	烟尘粉尘测量仪	烟尘采样器	P	
	35		粉尘采样器	P	
	36		粉尘浓度测量仪	P	

一级序号	二级序号	一级目录	二级目录	监管方式	范围及说明
26	37	颗粒物采样器	颗粒物采样器	P	
27	38	大气采样器	大气采样器	P	
28	39	透射式烟度计	透射式烟度计	P+V	用于环境监测
29	40	水分测定仪	烘干法水分测定仪	P+V	用于贸易结算
	41		电容法和电阻法谷物水分测定仪	P+V	用于贸易结算
	42		原棉水分测定仪	P+V	用于贸易结算
30	43	呼出气体酒精含量检测仪	呼出气体酒精含量检测仪	P+V	用于安全防护
31	44	谷物容重器	谷物容重器	V	用于贸易结算
32	45	乳汁计	乳汁计	V	用于贸易结算
33	46	电动汽车充电桩	电动汽车交(直)流充电桩/非车载直流充电机	V	用于贸易结算
34	47	放射治疗用电离室剂量计	放射治疗用电离室剂量计	V	用于医疗卫生
35	48	医用诊断X射线设备	非数字化医用诊断X射线仪	V	用于医疗卫生
36	49	医用活度计	医用活度计	V	用于医疗卫生
37	50	心脑电测量仪器	心电图仪	V	用于医疗卫生
	51		脑电图仪	V	用于医疗卫生
	52		多参数监护仪	V	用于医疗卫生
38	53	电力测量用互感器	电力测量用互感器	P+V(500kV(含)以下) P(500kV以上)	用于贸易结算

一级序号	二级序号	一级目录	二级目录	监管方式	范围及说明
39	54	测绘仪器	手持式激光测距仪	P	
	55		全站仪	P	
	56		测地型 GNSS 接收机	P	
40	57	有毒有害、易燃易爆气体检测(报警)仪	二氧化硫气体检测仪	P	
	58		硫化氢气体分析仪	P	
	59		一氧化碳检测报警器	P	
	60		一氧化碳二氧化碳红外线气体分析器	P	
	61		烟气分析仪	P	
	62		化学发光法氮氧化物分析仪	P	
	63		甲烷测定器	P	

注：P 表示型式批准，V 表示强制检定。

附录 4

2018 年发布的国家计量技术规范目录

1. 国家计量检定规程

现行规程号	规 程 名 称	被代替规程号
JJG 46—2018	扭力天平检定规程 V.R. of Torsion Balance	JJG 46—2004
JJG 119—2018	实验室 pH(酸度)计检定规程 V.R. of Laboratory pH Meters	JJG 119—2005
JJG 140—2018	铁路罐车容积检定规程 V.R. of Volume of Rail Tankers	JJG 140—2008
JJG 168—2018	立式金属罐容量检定规程 V.R. of Vertical Metal Tank Capacity	JJG 168—2005
JJG 191—2018	水平仪检定器检定规程 V.R. of Calibrators for Levels	JJG 191—2002
JJG 201—2018	指示类量具检定仪检定规程 V.R. of Testers for Dial Gauges	JJG 201—2008
JJG 238—2018	时间间隔测量仪检定规程 V.R. of Time Interval Meters	JJG 238—1995 JJG 953—2000

现行规程号	规 程 名 称	被代替规程号
JJG 266—2018	卧式金属罐容量检定规程 V.R. of Horizontal Metal Tank Capacity	JJG 266—1996
JJG 291—2018	溶解氧测定仪检定规程 V.R. of Dissolved Oxygen Meters	JJG 291—2008
JJG 393—2018	便携式X、γ辐射周围剂量当量(率)仪和监测仪检定规程 V.R. of Portable Ambient Dose Equivalent (Rate) Meters and Monitors for X and Gamma Radiations	JJG 393—2003
JJG 488—2018	瞬时日差测量仪检定规程 V.R. of Instantaneous Daily Clock Time Difference Testers	JJG 488—2008
JJG 548—2018	测汞仪检定规程 V.R. of Mercury Analyzers	JJG 548—2004
JJG 588—2018	冲击峰值电压表检定规程 V.R. of Impulse Peak Voltmeters	JJG 588—1996
JJG 603—2018	频率表检定规程 V.R. of Frequency Meters	JJG 603—2006
JJG 672—2018	氧弹热量计检定规程 V.R. of Bomb Calorimeters	JJG 672—2001

现行规程号	规 程 名 称	被代替规程号
JJG 722—2018	标准数字时钟检定规程 V.R. of Standard Digital Clocks	JJG 722—1991
JJG 743—2018	流出杯式黏度计检定规程 V.R. of Flow Cup Viscometers	JJG 743—1991
JJG 757—2018	实验室离子计检定规程 V.R. of Laboratory Ion Meters	JJG 757—2007
JJG 815—2018	采血电子秤检定规程 V.R. of Taking Blood Electronic Scales	JJG 815—1993
JJG 818—2018	磁性、电涡流式覆层厚度测量仪检定规程 V.R. of Magnetic and Eddy Current Measuring Instrument for Coating Thickness	JJG 818—2005
JJG 948—2018	电动振动试验系统检定规程 V.R. of Electrodynamic Vibration Testing Systems	JJG 948—1999 JJG 190—1997
JJG 993—2018	电动通风干湿表检定规程 V.R. of Electric Ventilation Psychrometers	JJG 993—2004

现行规程号	规 程 名 称	被代替规程号
JJG 999—2018	称量式数显液体密度计检定规程 V.R. of Digital Weighted - Method Liquid Density Meters	JJG 999—2005
JJG 1011—2018	角膜曲率计检定规程 V.R. of Ophthalmometers	JJG 1011—2006
JJG 1147—2018	夏比 V 型缺口标准冲击试样检定规程 V.R. of Charpy V-notch Reference Test Pieces	
JJG 1148—2018	电动汽车交流充电桩检定规程 V.R. of A.C Charging Spot For Electric Vehicles	
JJG 1149—2018	电动汽车非车载充电机检定规程 V.R. of Off-board Charger For Electric Vehicles	
JJG 1150—2018	铁路机车车辆车钩中心高度测量尺检定规程 V.R. of Rules for Measuring Center Height of Coupler for Railway Locomotive and Vehicle	

现行规程号	规 程 名 称	被代替规程号
JJG 1151—2018	液相色谱-原子荧光联用仪检定规程 V.R. of Liquid Chromatograph - Atomic Fluorescence Spectrometers	
JJG 1152—2018	工业测量型全站仪检定规程 V.R. of Industrial Measurement Total Stations	
JJG 1153—2018	铁路机车车辆轮对内距尺检定规程 V.R. of Gauges for Measuring Distance between Inside Rim Faces of Wheels of Railway Locomotives and Vehicles	
JJG 1154—2018	卡尔·费休容量法水分测定仪检定规程 V.R. of Karl Fischer Volumetric Titrators for Water Content	
JJG 1155—2018	铁路机车车辆车轮检查器检具检定规程 V.R. of Calibrators of Wheel - Checkers for Railway Locomotives and Vehicles	

现行规程号	规 程 名 称	被代替规程号
JJG 1156—2018	直流电压互感器检定规程 V.R. of DC Voltage Transformers	
JJG 1157—2018	直流电流互感器检定规程 V.R. of DC Current Transformers	
JJG 1158.1—2018	钢轨测温计检定规程　第1部分:双金属式钢轨测温计 V.R. of Rail Thermometers—Part 1: Bimetallic Rail Thermometers	
JJG 1158.2—2018	钢轨测温计检定规程　第2部分:数字式钢轨测温计 V.R. of Rail Thermometers—Part 2: Digital Rail Thermometers	
JJG 1159—2018	铁路机车车辆轮对内距尺检具检定规程 V.R. of Calibrators for Gauge of Distance Between Inside Rim Faces of Wheels for Railway Locomotive and Vehicle	

2. 其他国家计量技术规范

现行规范号	规范名称	被代替规范号
JJF 1074—2018	酒精密度-浓度测量用表 C. S. for Measurement Tables for Density - Concentration of Alcohal	JJF 1074—2001
JJF 1099—2018	表面粗糙度比较样块校准规范 C. S. for Roughness Comparison Specimens	JJF 1099—2003
JJF 1105—2018	触针式表面粗糙度测量仪校准规范 C. S. for Contact (Stylus) Instruments of Surface Roughness Measurement by the Profile Method	JJF 1105—2003
JJF 1164—2018	气相色谱-质谱联用仪校准规范 C. S. for Gas Chromatography - Mass Spectrometries	JJF 1164—2006
JJF 1173—2018	测量接收机校准规范 C. S. for Measuring Receivers	JJF 1173—2007
JJF 1186—2018	标准物质证书和标签要求计量技术规范 T. S. of the Requirements of Reference Materials Certificates and Labels	JJF 1186—2007

现行规范号	规 范 名 称	被代替规范号
JJF 1206—2018	时间与频率标准远程校准规范 C.S. for Remote Calibration of Time and Frequency Standards	JJF 1206—2008
JJF 1234—2018	呼吸机校准规范 C.S. for Ventilators	JJF 1234—2010
JJF 1259—2018	医用注射泵和输液泵校准规范 C.S. for Syringe Pumps and Infusion Pumps	JJF 1259—2010
JJF 1261.15—2018	家用电冰箱能源效率计量检测规则 Rules of Metrology Testing for Energy Efficiency of Household Refrigerators	JJF 1261.15—2014
JJF 1261.24—2018	吸油烟机能源效率计量检测规则 Rules of Metrology Testing for Energy Efficiency of Range Hoods	
JJF 1261.25—2018	通风机能源效率计量检测规则 Rules of Metrology Testing for Energy Efficiency of Fans	

现行规范号	规 范 名 称	被代替规范号
JJF 1261.26—2018	家用燃气灶具能源效率计量检测规则 Rules of Metrology Testing for Energy Efficiency of Domestic Gas Cooking Appliances	
JJF 1685—2018	紫外荧光测硫仪校准规范 C.S. for Ultraviolet Fluorescence Sulfur Analyzers	
JJF 1686—2018	脉冲计数器校准规范 C.S. for Pulse Counters	
JJF 1687—2018	用于探测与识别放射性核素的手持式辐射监测仪校准规范 C.S. for Hand - held Radiation Monitors for Detection and Identification of Radionuclides	
JJF 1688—2018	实时焦点测量仪校准规范 C.S. for Real - time Focus Meters	
JJF 1689—2018	水质色度仪校准规范 C.S. for Water Colorimeters	

现行规范号	规 范 名 称	被代替规范号
JJF 1690—2018	偏振依赖损耗测试仪校准规范 C.S. for Polarization Dependent Loss Meters	
JJF 1691—2018	绕阻匝间绝缘冲击电压试验仪校准规范 C.S. for Impulse Voltage Testers for Winding Inter-turn Insulation	
JJF 1692—2018	涡流电导率仪校准规范 C.S. for Eddy Current Conductivity Meters	
JJF 1693—2018	颅内压监护仪校准规范 C.S. for Intracranial Pressure Monitors	
JJF 1694—2018	气相色谱仪型式评价大纲 P.P.E. of Gas Chromatographs	
JJF 1695—2018	原子荧光光度计型式评价大纲 P.P.E. of Atomic Fluorescent Spectrometers	
JJF 1696—2018	凝胶色谱仪型式评价大纲 P.P.E. of Gel Permeation Chromatographs	

现行规范号	规 范 名 称	被代替规范号
JJF 1697—2018	示差扫描热量计型式评价大纲 P. P. E. of Differential Scanning Alorimeters	
JJF 1698—2018	储罐用自动液位计型式评价大纲 P. P. E. of Automatic Level Gauges for Measuring the Level of Liquid in Stationary Storage Tanks	
JJF 1699—2018	矿用一氧化碳检测报警器型式评价大纲 P. P. E. of Mining Carbon Monoxide Monitors	
JJF 1700—2018	浊度计型式评价大纲 P. P. E. of Turbidimeters	
JJF 1701.1—2018	测量用互感器型式评价大纲 第1部分:标准电流互感器 P. P. E. of Instrument Transformers Part1: Standard Current Transformers	
JJF 1701.2—2018	测量用互感器型式评价大纲 第2部分:标准电压互感器 P. P. E. of Instrument Transformers Part 2: Standard Voltage Transformers	

现行规范号	规范名称	被代替规范号
JJF 1702—2018	α、β平面源校准规范 C.S. for α、β Planes Sources	JJG 788—1992
JJF 1703—2018	谐振式波长计校准规范 C.S. for Resonant Type Wavelength Meters	JJG 348—1984
JJF 1704—2018	望远镜式测距仪校准规范 C.S. for Telescope Rangefinder	
JJF 1705—2018	人工电源网络校准规范 C.S. for Artificial Mains Networks	
JJF 1706—2018	9kHz～30MHz 鞭状天线校准规范 C.S. for 9kHz～30MHz Rod Antennas	
JJF 1707—2018	电解式(库仑)测厚仪校准规范 C.S. for Electrolytic (Coulometric) Coating Thickness Instruments	
JJF 1708—2018	标准表法科里奥利质量流量计在线校准规范 On Line C.S. for Coriolis Mass Flowmeters by Master Meter Method	

现行规范号	规范名称	被代替规范号
JJF 1709—2018	标准玻璃浮子校准规范 C. S. for Standard Glass Floats	
JJF 1710—2018	频率响应分析仪校准规范 C. S. for Frequency Response Analyzers	
JJF 1711—2018	六氟化硫分解物检测仪校准规范 C. S. for Sulfur Hexafluoride Decomposition Products Detectors	
JJF 1712—2018	薄层色谱扫描仪校准规范 C. S. for Thin Layer Chromatography Scanners	
JJF 1713—2018	高频电容损耗标准器校准规范 C. S. for High Frequency Capacity Dissipation Standards	JJG 66—1990
JJF 1714—2018	微量溶解氧测定仪型式评价大纲 P. P. E. for Low - level Dissolved Oxygen Meters	
JJF 1715—2018	离子色谱仪型式评价大纲 P. P. E. for Ion Chromatographs	

现行规范号	规 范 名 称	被代替规范号
JJF 1716—2018	粉尘浓度测量仪型式评价大纲 P.P.E. for Dust Concentration Measuring Instruments	
JJF 1717—2018	测汞仪型式评价大纲 P.P.E. for Mercury Analyzers	
JJF 1718—2018	转基因植物核酸标准物质的研制计量技术规范 T.S. of the Production of Genetically Modified Plant Nucleic Acid Reference Materials	
JJF 1719—2018	铁路罐车和罐式集装箱容积三维激光扫描仪校准规范 C.S. for 3D Laser Scanner for Volume Measurements of Rail Tankers and Tank Containers	
JJF 1720—2018	全自动生化分析仪校准规范 C.S. for Automatic Chemistry Analyzers	
JJF 1721—2018	碳化深度测量仪和测量尺校准规范 C.S. for Carbonization Depth Measuring Instruments and Calipers	

现行规范号	规 范 名 称	被代替规范号
JJF 1722—2018	运动平板仪校准规范 C. S. for Exercise Treadmills	
JJF 1723—2018	交直流模拟电阻器校准规范 C. S. for AC & DC Resistance Simulators	
JJF 1724—2018	时码发生器校准规范 C. S. for Timecode Generators	
JJF 1725—2018	脉冲分配放大器校准规范 C. S. for Pulse Distribution Amplifiers	
JJF 1726—2018	数字式静电计校准规范 C. S. for Digital Electrometers	
JJF 1727—2018	噪声表校准规范 C. S. for Noise Meters	
JJF 1728—2018	树脂基复合材料超声检测仪校准规范 C. S. for Ultrasonic Testing Instruments for Resin Matrix Composites	
JJF 1729—2018	农药残留检测仪校准规范 C. S. for Pesticide Residue Detectors	

现行规范号	规 范 名 称	被代替规范号
JJF 1730—2018	气导助听器电声参数校准规范 C. S. for Electro - acoustical Characteristics of Air - conduction Hearing Aids	
JJF 1731—2018	超声C扫描设备校准规范 C. S. for Ultrasonic C Scan Equipments	
JJF 1732—2018	准静态 d_{33} 测量仪校准规范 C. S. for d_{33} Measurement Instruments by Quasi - static Method	
JJF 1733—2018	固定式环境γ辐射空气比释动能(率)仪现场校准规范 C. S. for Field Environmental Gamma Radiation Dose (Rate) Meters	
JJF 1734—2018	有源耦合腔校准规范 C. S. for Active Couplers	
JJF 1735—2018	高频 Q 值标准线圈校准规范 C. S. for High Frequency Q Value Standard Coil Sets	JJG 69—1990
JJF 1736—2018	总悬浮颗粒物采样器型式评价大纲 P. P. E. of Total Suspended Particulates Samplers	

附录 5

2019 年发布的国家计量技术规范目录

1. 国家计量检定系统表

现行检定系统表号	检定系统表名称	被代替检定系统表号
JJG 2044—2019	γ射线空气比释动能计量器具检定系统表 V.S. of Metrological Instruments for Air Kerma of γ Rays	JJG 2044—2010

2. 国家计量检定规程

现行规程号	规 程 名 称	被代替规程号
JJG 28—2019	平晶检定规程 V.R. of Optical Flats	JJG 28—2000
JJG 98—2019	机械天平检定规程 V.R. of Mechanical Balance	JJG 98—2006
JJG 105—2019	转速表检定规程 V.R. of Tachometers	JJG 105—2000
JJG 111—2019	玻璃体温计检定规程 V.R. of Clinical Thermometers	JJG 111—2003
JJG 162—2019	饮用冷水水表检定规程 V.R. of Cold Potable Water Meters	JJG 162—2009 正文部分
JJG 195—2019	连续累计自动衡器(皮带秤)检定规程 V.R. of Continuous Totalizing Automatic Weighing Instruments(Belt Weighers)	JJG 195—2002 检定部分
JJG 289—2019	表层水温表检定规程 V.R. of Bucket Thermometers	JJG 289—2005
JJG 370—2019	在线振动管液体密度计检定规程 V.R. of On-line Oscillation Tube Liquid Density Meters	JJG 370—2007

现行规程号	规 程 名 称	被代替规程号
JJG 377—2019	放射性活度计检定规程 V.R. of Radioactivity Meters	JJG 377—1998
JJG 540—2019	工作用液体压力计检定规程 V.R. of Liquid Manometers for Working	JJG 540—1988
JJG 564—2019	重力式自动装料衡器检定规程 V.R. of Automatic Gravimetric Filling Instruments	JJG 564—2002
JJG 628—2019	SLC9 型直读式海流计检定规程 V.R. of Model SLC9 Direct Reading Sea Current Meters	JJG 628—1989
JJG 657—2019	呼出气体酒精含量检测仪检定规程 V.R. of Breath Alcohol Analyzers	JJG 657—2006
JJG 676—2019	测振仪检定规程 V.R. of Vibration Meters	JJG 676—2000
JJG 695—2019	硫化氢气体检测仪检定规程 V.R. of Sulfur Hydrogen Gas Detectors	JJG 695—2003
JJG 763—2019	温盐深测量仪检定规程 V.R. of CTD Measuring Instruments	JJG 763—2002

现行规程号	规 程 名 称	被代替规程号
JJG 778—2019	噪声统计分析仪检定规程 V.R. of Noise Level Statistical Analyzers	JJG 778—2005
JJG 781—2019	数字指示轨道衡检定规程 V.R. of Digital Indicating Rail－Weighbridges	JJG 781—2002
JJG 802—2019	失真度仪校准器检定规程 V.R. of Distortion Meter Calibrators	JJG 802—1993
JJG 852—2019	中子周围剂量当量(率)仪检定规程 V.R. of Neutron Ambient Dose Equivalent(Rate)Meters	JJG 852—2006
JJG 875—2019	数字压力计检定规程 V.R. of Digital Pressure Gauges	JJG 875—2005
JJG 876—2019	船舶气象仪检定规程 V.R. of Ship Meteorological Instruments	JJG 876—1994
JJG 882—2019	压力变送器检定规程 V.R. of Pressure Transmitters	JJG 882—2004
JJG 891—2019	电容法和电阻法谷物水分测定仪检定规程 V.R. of Capacitive and Resistive Grain Moisture Testers	JJG 891—1995

现行规程号	规 程 名 称	被代替规程号
JJG 954—2019	数字脑电图仪检定规程 V.R. of Digital Electroencephalographs	JJG 954—2000
JJG 971—2019	液位计检定规程 V.R. of Liquid Level Gauges	JJG 971—2002
JJG 1005—2019	电子式绝缘电阻表检定规程 V.R. of Electronic Insulation Resistance Meters	JJG 1005—2005
JJG 1012—2019	化学需氧量(COD)在线自动监测仪检定规程 V.R. of On-line Automatic Determinators of Chemical Oxygen Demand(COD)	JJG 1012—2006
JJG 1014—2019	机动车检测专用轴(轮)重仪检定规程 V.R. of Special Axle(Wheel) Load Scales for Motor Vehicle Test	JJG 1014—2006
JJG 1088—2019	角膜曲率计用计量标准器检定规程 V.R. of Standard Devices for Calibration of Ophthalmometers	JJG 1088—2013

现行规程号	规 程 名 称	被代替规程号
JJG 1160—2019	汽车加载制动检验台检定规程 V.R. of Loading Method Automobile Brake Testers	
JJG 1161—2019	矿用硫化氢气体检测仪检定规程 V.R. of Hydrogen Sulfide Gas Detectors for Mining	
JJG 1162—2019	医用电子体温计检定规程 V.R. of Clinical Electronic Thermometers	
JJG 1163—2019	多参数监护仪检定规程 V.R. of Multifunction Patient Monitoring Instruments	
JJG 1164—2019	红外耳温计检定规程 V.R. of Infrared Ear Thermometers	
JJG 1165—2019	三相组合互感器检定规程 V.R. of Three-phase Combined Instrument Transformers	
JJG 1166—2019	声学多普勒海流单点测量仪检定规程 V.R. of Single Point Acoustic Doppler Current Measuring Instrument	

现行规程号	规程名称	被代替规程号
JJG 1167—2019	海洋测风仪器检定规程 V.R. of Anemometers Used in Marine Field	
JJG 1168—2019	交流峰值电压表检定规程 V.R. of AC Peak Voltmeters	
JJG 1169—2019	烟气采样器检定规程 V.R. of Flue Gas Samplers	
JJG 1170—2019	自动定量装车系统检定规程 V.R. of Automatic Quantitative Loading Vehicle Systems	
JJG 1171—2019	混凝土配料秤检定规程 V.R. of Concrete Batching Scales	
JJG 1172—2019	工作标准传声器(自由场比较法)检定规程 V.R. of Working Standard Microphones (Free-field Comparison Method)	
JJG 1173—2019	电子式井下压力计检定规程 V.R. of Electronic Downhole Pressure Gauges	

3. 其他国家计量技术规范

现行规范号	规 范 名 称	被代替规范号
JJF 1101—2019	环境试验设备温度、湿度参数校准规范 C.S. for Environmental Testing Equipment for Temperature and Humidity Parameters	JJF 1101—2003
JJF 1191—2019	测听室声学特性校准规范 C.S. for Acoustic Performance of Audiometry Rooms	JJF 1191—2008
JJF 1245.1—2019	安装式交流电能表型式评价大纲 有功电能表 P.P.E. of Fixed AC Electricity Meters—Active Electrical Energy Meters	部分代替 JJF 1245.1～6—2010
JJF 1245.2—2019	安装式交流电能表型式评价大纲 软件要求 P.P.E. of Fixed AC Electricity Meters—Software Requirements	部分代替 JJF 1245.1～6—2010
JJF 1245.3—2019	安装式交流电能表型式评价大纲 无功电能表 P.P.E. of Fixed AC Electricity Meters—Reactive Electrical Energy Meters	部分代替 JJF 1245.1～6—2010

现行规范号	规 范 名 称	被代替规范号
JJF 1245.4—2019	安装式交流电能表型式评价大纲　特殊要求和安全要求 P.P.E. of Fixed AC Electricity Meters—Special Requirements and Safety Requirements	部分代替 JJF 1245.1～6—2010
JJF 1245.5—2019	安装式交流电能表型式评价大纲　功能要求 P.P.E. of Fixed AC Electricity Meters—Functional Requirements	部分代替 JJF 1245.1～6—2010
JJF 1291—2019	验光仪型式评价大纲 P.P.E. of Eye Refractomenters	JJF 1291—2011
JJF 1363—2019	硫化氢气体检测仪型式评价大纲 P.P.E. of Sulfur Hydrogen Gas Detectors	JJF 1363—2012
JJF 1701.3—2019	测量用互感器型式评价大纲　第3部分：电磁式电压互感器 P.P.E. of Instrument Transformers—Part 3: Inductive Voltage Transformers	
JJF 1701.4—2019	测量用互感器型式评价大纲　第4部分：电流互感器 P.P.E. of Instrument Transformers—Part 4: Current Transformers	

现行规范号	规 范 名 称	被代替规范号
JJF 1701.5—2019	测量用互感器型式评价大纲 第5部分：电容式电压互感器 P.P.E. of Instrument Transformers—Part 5: Capacitor Voltage Transformers	
JJF 1701.6—2019	测量用互感器型式评价大纲 第6部分：三相组合互感器 P.P.E. of Instrument Transformers—Part 6: Three-phase Combined Instrument Transformers	
JJF 1737—2019	工频磁场模拟器校准规范 C.S. for Power Frequency Magnetic Field Simulators	
JJF 1738—2019	高声压测量传声器动态范围上限校准规范 C.S. for the Upper Limit of Dynamic Range of High Sound Pressure Measuring Microphones	
JJF 1739—2019	数字式激光球面干涉仪校准规范 C.S. for Digital Laser Spherical Interferometers	
JJF 1740—2019	天馈线测试仪校准规范 C.S. for Cable and Antenna Analyzers	

现行规范号	规 范 名 称	被代替规范号
JJF 1741—2019	浪涌(冲击)模拟器校准规范 C.S. for Surge Simulators	
JJF 1742—2019	高清视频信号发生器校准规范 C.S. for High Definition Video Signal Generators	
JJF 1743—2019	放射治疗用电离室剂量计水吸收剂量校准规范 C.S. for Water Absorbed Dose of Dosimeters with Ionization Chambers as Used in Radiotherapy	
JJF 1744—2019	闪烁体探测器γ谱仪校准规范 C.S. for γ Ray Spectrometers of Scintillation Detectors	
JJF 1745—2019	放射治疗用的二维剂量计校准规范 C.S. for Two-dimensional Dosimeters for Radiation Therapy	
JJF 1746—2019	医学影像诊断显示系统校准规范 C.S. for Medical Imaging Diagnosis Display Systems	

现行规范号	规范名称	被代替规范号
JJF 1747—2019	车身反光标识用逆反射系数测量仪校准规范 C.S. for Retroreflection Coefficient Meters for Motor Vehicle's Reflecting Marking	
JJF 1748—2019	心肺复苏机校准规范 C.S. for Cardiopulmonary Resuscitators	
JJF 1749—2019	汽车外廓尺寸检测仪校准规范 C.S. for Vehicle Contour Dimensions Testers	
JJF 1750—2019	红外标准滤光器校准规范 C.S. for Infrared Standard Filter	
JJF 1751—2019	菌落计数器校准规范 C.S. for Colony Counters	
JJF 1752—2019	全自动封闭型发光免疫分析仪校准规范 C.S. for Automatic Closed Luminescence Immunoassay Analyzers	
JJF 1753—2019	医用体外压力脉冲碎石机校准规范 C.S. for Medical Pressure Pulse Lithotripsy Machines	

现行规范号	规范名称	被代替规范号
JJF 1754—2019	氘灯光谱辐射亮度(250 nm～400 nm)校准规范 C.S. for Deuterium Lamps Spectral Radiance(250 nm～400 nm)	
JJF 1755—2019	无源光网格(PON)功率计校准规范 C.S. for Passive Optical Network(PON)Power Meters	
JJF 1756—2019	低频相位计校准规范 C.S. for Low－frequency Phase Meters	JJG 381－1986
JJF 1757—2019	功率指示器校准规范 C.S. for Power Meters	JJG 280—1981
JJF 1758—2019	低频移相器及相位发生器校准规范 C.S. for Low Frequency Phase Shifters and Phase Generators	JJG 530—1988
JJF 1759—2019	衰减校准装置校准规范 C.S. for Attenuation Calibrators	JJG 424—1986
JJF 1760—2019	硅单晶电阻率标准样片校准规范 C.S. for Standard Slices of Single Crystal Silicon Resistivity	JJG 48—2004

现行规范号	规 范 名 称	被代替规范号
JJF 1761—2019	选频电平表校准规范 C. S. for Selective Level Meters	JJG 777—1992
JJF 1762—2019	α、β表面污染仪型式评价大纲 P. P. E. of α、β Surface Contamination Monitors	
JJF 1763—2019	低本底α、β测量仪型式评价大纲 P. P. E. of Low Background α、β Measuring Instruments	
JJF 1764—2019	矿用硫化氢气体检测仪型式评价大纲 P. P. E. of Hydrogen Sulfide Gas Detectors for Mining	
JJF 1765—2019	紫外辐射照度计型式评价大纲 P. P. E. of UV Radiometers	
JJF 1766—2019	冷水机组能源效率计量检测规则 Rules of Metrology Testing for Energy Efficiency of Water Chilling Packages	

现行规范号	规范名称	被代替规范号
JJF 1767—2019	远置冷凝机组冷藏陈列柜能源效率计量检测规则 Rules of Metrology Testing for Energy Efficiency of Refrigerated Display Cabinets with Remote Condensing Units	
JJF 1768—2019	热泵热水机(器)能源效率计量检测规则 Rules of Metrology Testing for Energy Efficiency of Heat Pump Water Heaters	
JJF 1769—2019	单元式空气调节机能源效率计量检测规则 Rules of Metrology Testing for Energy Efficiency of Unitary Air Conditioners	
JJF 1770—2019	多联式空调(热泵)机组能源效率计量检测规则 Rules of Metrology Testing for Energy Efficiency of Multi-connected air-condition(heat pump)Units	

现行规范号	规 范 名 称	被代替规范号
JJF 1771—2019	阻抗听力计(耳声阻抗/导纳测量仪器)型式评价大纲 P. P. E. of Measuring Instruments of Aural Acoustic Impedance/Admittance	JJG 991—2004 型式评价部分
JJF 1772—2019	验光镜片箱型式评价大纲 P. P. E. of Trial Case Lenses	
JJF 1773—2019	综合验光仪型式评价大纲 P. P. E. of Phoropters	
JJF 1774—2019	角膜曲率计型式评价大纲 P. P. E. of Ophthalmometers	
JJF 1775—2019	机动车激光测速仪型式评价大纲 P. P. E. of Lidar Speed - Measuring Device	
JJF 1776—2019	机动车地感线圈测速系统型式评价大纲 P. P. E. of Inductive Loop Speed - Measuring Device	
JJF 1777—2019	饮用冷水水表型式评价大纲 P. P. E. of Cold Potable Water Meters	JJG 162—2009 型式评价部分

现行规范号	规范名称	被代替规范号
JJF 1778—2019	间歇测量医用电子体温计型式评价大纲 P.P.E. of Intermittent Measurement Clinical Electronic Thermometers	
JJF 1779—2019	电子式直流电能表型式评价大纲 P.P.E. of Electricity Meters for Direct Current Energy	
JJF 1780—2019	非接触式眼压计型式评价大纲 P.P.E. of Non-contact Tonometers	
JJF 1781—2019	接触式压平眼压计型式评价大纲 P.P.E. of Applanation Tonometers	
JJF 1782—2019	压力式六氟化硫气体密度控制器型式评价大纲 P.P.E. of Pressure Type SF_6 Gas Density Monitors	
JJF 1783—2019	玻璃体温计型式评价大纲 P.P.E. of Clinical Thermometers	
JJF 1784—2019	全站仪型式评价大纲 P.P.E. of Total Stations	

现行规范号	规 范 名 称	被代替规范号
JJF 1785—2019	呼出气体酒精含量检测仪型式评价大纲 P.P.E. of Breath Alcohol Analyzers	
JJF 1786—2019	化学需氧量(COD)在线自动监测仪型式评价大纲 P.P.E. of On-line Automatic Determinators for Chemical Oxygen Demand(COD)	
JJF 1787—2019	液位计型式评价大纲 P.P.E. of Liquid Level Gauges	
JJF 1788—2019	接地电阻表型式评价大纲 P.P.E. of Earth Resistance Meters	
JJF 1789—2019	压力变送器型式评价大纲 P.P.E. of Pressure Transmitters	
JJF 1790—2019	绝缘电阻表型式评价大纲 P.P.E. of Insulation Resistance Meters	
JJF 1791—2019	连续累计自动衡器(皮带秤)型式评价大纲 P.P.E. of Continuous Totallizing Automatic Weighing Instruments(Belt Weighers)	JJG 195—2002 型式评价部分